Die Autorin

Nicole Schöfmann ist seit 1996 hauptberuflich als Tierkommunikatorin, Heilerin, Meditationslehrerin, Medium und Seminarleiterin tätig. In dieser Zeit war es ihr möglich, vielen Tieren und Menschen auf deren Weg zu helfen. Die Gabe, mit Tieren zu sprechen, hat sie von Kindheit an. Es war ihr schon als kleines Mädchen möglich, die Aura der Wesen in ihrer Umgebung zu sehen, Geschehnisse vorherzusagen und mit ihren Freunden, den Tieren, zu kommunizieren.
Durch die Gespräche mit ihren tierischen Freunden wurde ihr immer auch der feinstoffliche/energetische und körperliche Zustand eines Tieres bewusst. Die Ursachen von Krankheiten, Verhaltensproblemen und Schockzuständen im Einklang mit der Seele des Tieres zu behandeln, begann ein weiterer Teil ihrer Arbeit zu werden.

Weitere Informationen zur Autorin unter
www.sunriseschule.de

Von der Autorin sind in unserem Hause erschienen:

Katzenflüstern
Hundeflüstern (Allegria)

Katzenflüstern (CD)
Hundeflüstern (CD)

Nicole Schöfmann

Katzen flüstern

Tierkommunikation und natürliche Heilung für Ihre Katze

Ullstein

Besuchen Sie uns im Internet:
www.ullstein-taschenbuch.de

Allegria im Ullstein Taschenbuch
Herausgegeben von Michael Görden

Umwelthinweis:
Dieses Buch wurde auf chlor- und säurefreiem Papier gedruckt.

Ullstein Taschenbuch ist ein Verlag der Ullstein Buchverlage GmbH, Berlin
Überarbeitete Neuausgabe
1. Auflage Juli 2008

Umschlaggestaltung: FranklDesign, München
Photos innen und Umschlag: Marion Losse, Hamburg
Innenillustrationen: Katharina Müller, Hamburg
Gesetzt aus der Baskerville
Satz: Keller & Keller GbR
Druck und Bindearbeiten: GGP Media GmbH, Pößneck
Printed in Germany
ISBN 978-3-548-74437-7

Aller Anfang ist Stille.

Für Alexander, der mein Atmen und mein Licht ist,
Rabbi in Dankbarkeit für seine Geduld,
dem Einen für seine Gnade.

Für Mercucio, meinen Bruder, und Winnie,
meinen Sohn

Inhalt

Vorwort

Seit einigen Jahren findet die Tierkommunikation immer größere Beachtung in den Medien. Bei der intensiveren Auseinandersetzung mit diesem Thema wird dem aufmerksamen Betrachter und Tierfreund auffallen, daß »Tierkommunikation« nicht gleich »Tierkommunikation« ist.

In Deutschland versteht man unter Tierkommunikation in der Regel Verhaltenspsychologie oder auch Verhaltenstherapie für Tiere. Das heißt, die Menschen versuchen durch die Beobachtung der Tiere und deren Verhaltensweisen Rückschlüsse auf ihr Befinden und ihre Bedürfnisse zu ziehen. Hierbei findet eine Kommunikation im Sinne eines Dialoges allerdings nicht statt.

Die Urform der Tierkommunikation, die Bestandteil der menschlichen Seele ist und von Naturvölkern weiterentwickelt wurde, geht andere Wege. In der Hoffnung, daß die Menschheit wieder den Weg des gleichberechtigten Miteinanders mit den Tieren findet, möchte ich in diesem Buch diese Form der tatsächlichen Tierkommunikation, die ich durch Hellsichtigkeit erfahren habe und die später von spirituellen Lehrern verfeinert wurde, dem interessierten Leser näherbringen.

Einleitung – Mein Weg zur Tierkommunikation

In meinen Seminaren werde ich häufig gefragt, wie sich für mich als Kind meine hellseherischen Fähigkeiten und die Gabe, mit Tieren zu sprechen, dargestellt und entwickelt haben, und wie meine Umwelt mit meinen Vorahnungen und meinem Verhalten umgegangen ist.

Viele meiner Seminarteilnehmer können sich an eigene Erlebnisse aus ihrer Kindheit erinnern und möchten wissen, ob sie ähnliche Veranlagungen haben oder hatten. Der Wunsch, mit Tieren zu sprechen, ist bei vielen Menschen seit ihrer Kindheit vorhanden, und daher ist die Frage nach eigenen telepathischen oder tierkommunikatorischen Fähigkeiten naheliegend.

Meine eigenen Erinnerungen führen mich zurück in meine frühe Kindheit. Als ich geboren wurde, lebten vierzehn leuchtend gelbe Kanarienvögel bei meinen Eltern.

Schon als kleines Kind sprach ich mit meinen gefiederten Freunden und machte mir einen Spaß daraus, zeitgleich mit ihnen zu schreien. Dies führte leider dazu, daß sich meine Eltern von allen Tieren bis auf einen Vogel trennten. Mit diesem Vogel führte ich meine ersten Gespräche, mit ihm tauschte ich in Gedanken Bilder aus. Ich gab ihm den Namen »Max«.

Während meiner Schulferien, die wir meistens im Ausland verbrachten, hatte ich immer Kontakt mit Max, der mich wissen ließ, was er gerade machte und welche Gefühle er hatte, während er zuhause war. Im stolzen Alter von 14 Jahren starb dieser Vogel. Er hatte mir bereits einige Nächte vor seinem Übergang angekündigt, daß er uns verlassen würde. Wenn ich meinen Blick auf ihn in seinem Käfig richtete, wurde ich sehr müde und hatte das Gefühl, meinen Körper verlassen zu wollen. Ich fühlte mich alt und schwer und mein Herz schmerzte. Doch keiner der Erwachsenen in meiner Umgebung glaubte meinen Vorahnungen und Befürchtungen, da Max noch sehr vital und gesund wirkte.

Eines Morgens war es dann soweit. Max hatte sich auf den Boden seines Käfigs gesetzt und wartete auf meine Hand, in die er sich immer kuschelte, wenn er mir besonders nahe sein wollte. Sanft nahm ich ihn heraus und spürte, wie er sich mit seinen Krallen an meine Finger klammerte. Wir spürten beide, daß es an der Zeit war, Lebewohl zu sagen. Noch einmal streckte er seine kleine Zunge heraus und versuchte trotz aller Schwäche, mir einen »Kuß« auf die Hand zu geben. Dann hörte sein Herz auf zu schlagen und das Leben verließ seinen Körper. Ich verspürte tiefe Liebe für das Wesen in meiner Hand, das nun endlich seinen Frieden gefunden hatte. Die Liebe und das Licht, das Max mir in meiner Kindheit gab, hat mich noch lange danach begleitet.

Während meiner frühen Schulzeit, im Alter von sechs bis zehn Jahren, sprach ich oft mit Tieren, die mir auf der Straße oder bei Zoobesuchen begegneten. Ich konnte ihre Gedanken übersetzen und lernte intuitiv immer gezielter, mit ihnen Kontakt aufzunehmen. Ich erinnere mich daran, wie ich in der zweiten Klasse während einer ziemlich langweiligen Unterrichtsstunde mit den Möwen auf der anderen Seite der Isar, an der meine Schule lag, zu sprechen begann. Ich weiß noch genau, wie ich einen der weit entfernten kleinen weißen Punkte zu fokussieren begann, mich auf die Möwe konzentrierte und sie in Gedanken fragte, ob sie mich verstehen könne. Zuerst bekam ich keine Antwort, aber als ich den Gedanken mit einem Gefühl verknüpfte – ich stellte mir vor, daß ich selbst eine Möwe sei und Kontakt zu der anderen Möwe aufnehmen würde –, antwortete sie mir mit einem Gedanken. Der Gedanke fühlte sich sehr kühl und distanziert an, wie die Frage, was ich von ihr, der Möwe, wolle.

Das machte mir Mut, und ich fragte mich, ob ich es schaffen könnte, den ganzen Möwenschwarm vor das Fenster meines Klassenzimmers zu locken. In Gedanken formte ich das Bild von Brotstücken, die auf den Boden fallen. Ich dachte an Kinder, die das Brot in den Händen hielten und Stücke davon auf den Boden fallen ließen. Dann erweiterte ich dieses Bild, und nun ließen die Kinder Brotstücke auf den Boden in meinem Klassenzimmer fallen.

Plötzlich flog die Möwe, auf die ich mich konzentriert hatte, auf die Schule zu. Auf halbem Weg drehte sie ab und flog zurück zu den anderen Möwen, als wolle sie diesen etwas mitteilen. Fünf Vögel erhoben sich nun und überflogen den Fluß in Richtung meiner Schule. Immer wieder schickte ich das Bild von den Brotstücken und die Sequenz des Fütterns an die Möwen. Die Möwen kehrten zu ihrem Schwarm zurück, wo sie zusammen mit den anderen Möwen wild mit den Flügeln schlugen. Dann verließen etwa zwanzig Möwen ihren Platz, steuerten geschlossen das Schulgebäude an und flogen vor dem Fenster meines Klassenzimmers mit lautem Geschrei auf und ab. Ich versprach der Möwe, mit der ich zuerst Kontakt aufgenommen hatte, daß ich alle Möwen so oft wie möglich mit Brot füttern würde. In den darauffolgenden Jahren kam es immer wieder vor, daß eine Schar Möwen vor ein bestimmtes Fenster der Schule flog und den Unterricht mit ihrem lauten Geschrei störte.

Einige Jahre später hatte ich meinen ersten bewußten Kontakt zu einer Katze.

Ich befand mich mit meiner Mutter auf einer Ferienreise auf Sri Lanka und wir besuchten auf einer Ausflugsfahrt einen örtlichen Markt. Ich trödelte hinter der Reisegruppe her, ich wollte mir immer alles genau ansehen und mir die Bilder einprägen.

Schon als Kind hatte ich das Gefühl, daß jeder Moment etwas unwiederholbar Einzigartiges ist, und so versuchte ich, wie mit einer inneren Kamera Bilder aufzunehmen und zu speichern. Ich stellte eine Verbindung zu den Gerüchen her, die mich umgaben, und prägte mir das entsprechende Körpergefühl ein. Ohne es damals zu wissen, wandte ich dabei die Grundformen des NLP (Neurolinguistisches Programmieren) an.

Als ich der Reisegruppe so folgte, verspürte ich plötzlich ein starkes Ziehen in meiner Herzgegend. Es fühlte sich an, als zöge mich jemand, der eine Schnur um mein Herz gewickelt hatte, daran zur Seite, um mich auf etwas aufmerksam zu machen. Zunächst sah ich außer einer Menge Müll nichts Außergewöhnliches. Doch das Ziehen wurde intensiver, und ich begann genauer hinzusehen. Unter einer Zeitung entdeckte ich ein kleines, graues, von Ameisen bedecktes Katzenbaby. Seine Augen waren entzündet und starrten mich aus einem vor Hunger aufgeblähten Körper an. Sein Rücken war von blutigen Stellen überseht. Es war nur noch sehr wenig Leben in dem kleinen Wesen, das in unregelmäßigen Abständen zuckte. Die Augen der kleinen Katze drückten unendlichen Schmerz aus. Ich nahm den Katzenwelpe unter meinen Pullover und spürte, wie unsere beiden Herzen schneller schlugen. Seltsamerweise krabbelte keine der Ameisen auf meine Haut.

Es gelang mir, die kleine Katze in unser Hotelzimmer zu schmuggeln und in einer Strandtasche zu verstecken, was leicht war, da sie vor Erschöpfung keinen Ton mehr von sich geben konnte. Während meine Mutter am Strand war, badete ich das Tier. Es war ein Kater, der wohl schon älter gewesen sein mußte, als es den Anschein hatte, vielleicht sieben Wochen alt, der aber durch Unterernährung sehr klein geblieben war. Ich taufte ihn mit Wasser und Shampoo auf den Namen Löwenherz.

Am Abend wurde er natürlich von meiner Mutter entdeckt, und gemeinsam begannen wir, ihn mit Leckereien aus der Hotelküche zu verwöhnen, so daß er wieder etwas zu Kräften kam. Langsam kehrte die Lebensfreude in seine Augen zurück, und an manchen Nachmittagen zeigte er mir beim gemeinsamen Spielen auch schon einmal seine Krallen. Als unsere Ferien zu Ende gingen, war Löwenherz deutlich stärker geworden und gewachsen, aber wir wußte, daß er in der Wildnis nicht überleben würde. Wir hatten zu der Zeit eine Patenschaft für ein Mädchen in einem SOS Kinderdorf und ich hatte die Idee, daß Löwenherz als Katzenkind nun auch eine Patenfamilie bräuchte, wie die Menschenkinder dort. Gegen eine geringe Spende wurde Löwenherz in das Kinderdorf aufgenommen.

Als es Zeit wurde, sich zu verabschieden, setzte Löwenherz sich hin und musterte mich einige Augenblicke lang. Ich setzte mich auf den Boden und er kam auf mich zu und berührte mit seiner rechten Pfote sanft meine ausgestreckte Hand. Mit seinen Gedanken bedankte er sich bei mir. Für einen kurzen Augenblick sah ich ein rosafarbenes Licht und fühlte ein starkes Wärmegefühl in meinem Herzen. Dann drehte Löwenherz sich um und lief in den Garten. Sechs Jahre lang kommunizierte ich danach mit ihm.

Ich fühlte, wie Löwenherz heranwuchs und neugierig seine Umwelt erkundete. Ab und zu bekam ich Fotos zugeschickt, die meine Vorstellungen und telepathischen Gespräche, die ich mit ihm führte, bestätigten. Er hat viele kleine Löwenherzen in die Welt gesetzt und sich so unsterblich gemacht.

In seinem sechsten Lebensjahr erreichte uns ein Brief. Schon seit einigen Wochen hatte ich mir Sorgen gemacht, weil ich meinen Kater nicht mehr gespürt hatte. Die Leitung des Dorfes schrieb, daß Löwenherz von einem Auto überfahren worden war. Ein letztes Foto von ihm lag bei. Ich trage dieses Bild heute in meinem Herzen.

Katzen haben mich mein ganzes Leben lang begleitet. Obwohl ich selbst nie direkt mit einer Katze gelebt habe, gab es doch viele Katzen, die ein untrennbarer Teil meiner Familie wurden. Sie lebten und leben frei und werden von mir durch Patenschaften versorgt. Der Grund, weshalb ich selbst keine Katze halte, ist mit Sicherheit, daß die eigene Freiheitsliebe eine sehr große Rolle spielt. Durch meine tiermedialen Fähigkeiten spüre ich Katzen immer sehr stark, andere Tierarten kann ich dagegen leichter aus meinen Gedanken ausblenden.

Zu meiner wahren Berufung, der Tierkommunikation und -heilung, hat mich nicht eine Katze, sondern ein viel kleineres, unscheinbareres Tier geführt. Mein 16. bis 18. Lebensjahr verbrachte ich in Paris und arbeitete dort als Fotomodell. In diesem Umfeld, in dem es von oberflächlichen Menschen nur so wimmelte, wurde ich von meinem damaligen Lebensgefährten mit einem Geschenk überrascht. Das »Geschenk« war männlich, trug den Namen Winnie, war fünf Monate alt und ein Meerschwein. Winnie oder Winman, wie später sein Spitzname war, verschaffte mir erneut Zugang zur Welt der Tiere.

Dieser kleine Kerl, der mir an einsamen Tagen zur Seite stand, öffnete mich wieder für meine Begabung und meine übersinnlichen Fähigkeiten. Zuerst waren wir uns sehr fremd, das kleine Tier eroberte jedoch beharrlich Schritt für Schritt unsere Wohnung sowie jeden Winkel meines Herzens.

Ich stellte fest, daß ich nur an ihn denken mußte und er den für ihn weiten Weg durch unsere riesige Wohnung auf sich nahm, um zu mir zu kommen. Wenn ich ihn suchte, sendete er Bilder seiner Umgebung. Immer mehr Gedanken, die ich ihm sendete, wurden von ihm in Handlungen umgesetzt. So wollte ich nicht, daß er in einen Käfig eingesperrt seine Tage fristen mußte, und bat ihn mittels meiner Gedanken, seine Geschäfte in dem für ihn offen stehenden Käfig zu verrichten und die andere Zeit frei zu laufen. Er begann noch am selben Tag, sich daran zu halten.

Jedes Mal, wenn ich wegen eines Jobs verreisen mußte, erklärte ich ihm genau, wo ich war und wann ich wiederkommen würde. Blieb ich länger als »besprochen« fort, so erzählte mein Freund mir, daß Winnie die Wohnung nach mir absuchte und unruhig wurde.

Wann immer es möglich war, wanderte Winnie in seine Transportbox und ging mit mir an Bord eines Flugzeugs, was damals noch erlaubt war. Um die Flüge besser zu überstehen, bekam er Bachblüten-Notfalltropfen.

Im Nachhinein wurde mir klar, daß der kleine Herr wohl ein Gelegenheitsalkoholiker geworden war, denn er wartete regelrecht auf die Tropfengabe und kam mir mit weit geöffnetem Mäulchen entgegen, wenn es Zeit für die Einnahme der Tropfen war.

In den acht Jahren, in denen er bei mir war, vergingen kaum Monate, in denen er nicht irgendeine Krankheit hatte. Ständige Allergien, Harnsteine und Erkältungen ließen mich zum Behandlungsprofi für Meerschweinchen werden. Da ich immer die Aura von Tieren sehen konnte, konnte ich Veränderungen im Energiefeld und in der Aura in Zusammenhang mit Krankheitsphasen und körperlichen Zuständen bringen. Ich lernte, daß die eine Farbe eine Entzündung bedeutete, während der andere Farbton eine Rekonvaleszenz anzeigte.

Schon nach dem ersten Jahr unseres Zusammenlebens begab ich mich auf die Suche nach Antworten. Zu der damaligen Zeit, gerade in Frankreich, war die Esoterikszene nicht sehr ausgeprägt. Erschwerend kam hinzu, daß ich zuerst nicht wußte, wohin ich mich wenden sollte. Ich wußte nicht, ob es auf der Welt noch andere Menschen gab, die ähnliche Phänomene erlebten, denn seit meiner Kindheit hatte ich mit niemandem über mein »Sehen« gesprochen.

In meinem Freundeskreis wußte man von meinen Fähigkeiten, man konnte sie aber nicht so richtig einordnen.

Für Interessierte aus Europa waren lange Zeit die Bücher der amerikanischen Tierkommunikatorinen Penelope Smith und Amelia Kinkade die einzigen Informationsquellen. Dadurch entstand sehr oft der Eindruck, daß diese beiden Tierkommunikatorinnen die Tierkommunikation entdeckt hätten.

Hier möchte ich fairerweise klarstellen, daß die Tierkommunikation so alt wie die Menschheit ist. Seitdem es Tiere und Menschen gibt und sie sich den gleichen Lebensraum teilen mußten, gibt es die »Tierflüsterer«.

Ich habe durch jahrelanges Training und die Mitarbeit bei verschiedenen Meistern meine eigene Methode entwickelt, die sehr stark auf einer energetischen, telepathischen und hellsichtigen Arbeitsweise beruht.

Damals begann ich also, in englischsprachigen Buchländen zu recherchieren und mich dann bei den Verlagen nach den Autoren zu erkundigen. Ich besuchte Seminare und Workshops von Esoterikgrößen wie Deepak Chopra, Chris Griscom oder Louise L. Hay. Alles, was ich lernte, wollte ich bei Winnie anwenden. Ich bekam Reiki-Einweihungen und besuchte Homöopathie-Fortbildungen. Mit Reiki lernte ich das Energiefeld meines Meerschweinchens zu stabilisieren und mit Hilfe homöopathischer Mittel konnte ich verschiedene Stadien von Krankheiten behandeln. Das alles geschah zu einer Zeit, in der man Tiere wie Meerschweinchen noch nicht einmal von Tierärzten richtig behandeln lassen konnte. Zumindest nicht in Frankreich.

Ich erkannte schnell, daß die spirituelle Szene nicht wußte, wie sie mit Tieren umgehen sollte. Damals bin ich zwischen England, Frankreich, Amerika und Italien umhergereist. In jeder Stadt suchte ich nach weiteren Informationen zur Behandlung meines Tieres. Niemand hatte die Energiesysteme von Tieren analysiert und deren Verbindungen zu Krankheiten hergestellt. Ich mußte diesen Weg also alleine bestreiten.

Winnie lehrte mich Geduld und Hingabe. An etlichen Morgen fiel ich todmüde aus dem Bett, weil ich mitten in der Nacht durch ein weinerliches Quieken geweckt wurde. Indem ich eine Wärmflasche unter sein behaartes Bäuchlein legte und Winnie stundenlang mit Reiki behandelte, versuchte ich nachts seine Schmerzen zu lindern.

Er litt unter wiederkehrenden Blasenentzündungen, die sein gesamtes Immunsystem schwächten, was oft auch zu Erkältungen führte. So begann ich, mich mit Energien zu beschäftigen und Zusammenhänge zwischen Raumenergien (feinstoffliche, nicht materiell greifbare Energien; werden nachstehend auch Schwingungen genannt), Energien in seiner Nahrung und meinem eigenen Energiefeld herzustellen.

Natürlich konnten wir mittlerweile fließend miteinander kommunizieren. Winnie selbst konnte mir jedoch nicht sagen, was ihn so krank machte, und so versuchte ich weiterhin die Ursache herauszufinden.

Auffällig war, daß sich je nach Gemütszustand die Aura und die Größe der Energiezentren, der Chakren, veränderten. Ich erkannte, daß die Aura sieben Schichten aufzeigte und daß diese Schichten bestimmte Aussagen und Zuordnungen hatten (dies wird in Kapitel 8 näher erläutert).

Ich erkannte weiter, daß sich das Energiefeld mit der Art der Behandlung veränderte. Die Farbe wechselte und nahm an Dichte und Breite entweder zu oder ab. Je nach Behandlung veränderte sich der Gesundheitszustand von Winnie. Auch die Arbeit mit Aura-Soma (siehe Kapitel 10) und Heilsteinen führte zu einer Linderung seiner Beschwerden.

Ich sammelte so viele Informationen, wie ich konnte, und legte Behandlungsprotokolle an. Meine Arbeit als Fotomodell war längst nicht mehr wichtig für mich, sie stellte mir nur die finanziellen Mittel für meine persönliche Fortbildung. Inzwischen behandelte ich auch wilde Tauben, die ich verletzt am Straßenrand gefunden hatte, Hunde von Freunden und Katzen aus der Nachbarschaft. Die Aussagen, die ein Tier gedanklich über seinen körperlichen Zustand übermitteln konnte, halfen mir sehr bei der Behandlung.

Bei meinem eigenen Tier hatte ich herausgefunden, daß sein Trinkwasser eine wichtige Rolle spielte. Es war zu kalkhaltig und verursachte ihm deshalb Probleme mit der Blase und dem Harnapparat. Zur selben Zeit hörte ich von Entgiftungen und lernte die Arbeit von Hulda Clark kennen. Diese Wissenschaftlerin gilt als Vorreiterin im Bereich der Parasiten- und Toxinbelastung, die sie als maßgeblich bei der Entstehung von Krebs und anderen Zellkrankheiten beteiligt sieht.

Zuerst versuchte ich alte, durch Antibiotika entstandene Belastungen auszuleiten. Alle Stoffe, die sich an die Zellwände heften, schwächen diese und öffnen die Tür für Feinparasiten, die für Entzündungen sorgen und die Anhaftung von Bakterien und Pilzen begünstigen. Mit Algenextrakten und Blütenpollen half ich seinem Körper, sich nach der Entgiftung zu stabilisieren. Sein Trinkwasser lief durch einen Filter, der das Wasser nicht nur reinigte, sondern auch verwirbelte und dadurch belebte.

Er bekam also lebendiges Wasser zu trinken und fühlte sich bald wie neugeboren. All dies mag als großer Aufwand für ein so kleines Wesen wie ein Meerschwein erscheinen, aber die Verbesserung unseres gemeinsamen Lebens war jeden Augenblick dieser Suche wert. Auch ich veränderte mich. Ruhe und Gelassenheit kehrten in meinen Charakter ein und viele Freunde suchten bei alltäglichen Problemen meinen Rat. Winnie hatte mich durch seine Liebe zu meiner Lebensaufgabe geführt.

Als Vater vieler Kinder (22), spiritueller Begleiter und weit gereistes Meerschwein hat er diese Ebene des Seins schließlich verlassen. All die Klienten und Tiere, die mich täglich aufsuchen, profitieren noch immer von seiner Entscheidung, mich auf den Weg der Heilung und Tierkommunikation zu bringen.

Als ich mit 23 Jahren nach Deutschland zurückkehrte, war die spirituelle Arbeit mit Tieren bereits ein fester Bestandteil meines Alltags geworden. Neben meiner täglichen Meditation gehörten Reiki und Lichtarbeit zu meiner täglichen Praxis. Angeregt durch eine befreundete Reiki-Lehrerin organisierte ich Meditationsgruppen und Workshops zum Thema Tierkommunikation.

Zu dieser Zeit lebte ich in München und stieß dort mit meinen sonderbaren Ideen nicht unbedingt auf offene Ohren. Meine Kursteilnehmer wollten mit ihren Tieren sprechen, waren aber leider nicht bereit zu erkennen, daß es sich nicht um kleine Menschen oder Abbilder ihrer selbst, sondern um freie Wesen mit eigenen Wertvorstellungen und Vorlieben handelte.

In meinem deutschen Umfeld war es auch privat ein Kampf gegen Vorurteile und Ängste. Mittlerweile befand ich mich in einer neuen Beziehung, und dieser Partner teilte meine Liebe zu den Tieren leider nicht. Meinen Job als Fotomodel stellte ich immer mehr zurück, um der Arbeit mit Tieren Vorrang zu gewähren.

Um mein Wissen um die Tierkommunikation besser verbreiten zu können, organisierte ich Workshops und Vorträge in Berlin, Hamburg, Frankfurt und anderen deutschen Städten. Ich war immer der Meinung, daß die Energie der Absicht folgt, und meine Absicht war und ist, allen Menschen auf der Suche nach einem Weg zu ihrem Tier zu helfen. Meine Energie steckte ich in die Organisation meiner Seminare. Aus den vielen Lehrgängen entwickelte sich die Idee einer Schule. Das Konzept bestand darin, umfangreiche Informationen über Tiere für alle Menschen so aufzubereiten, daß ein eigenständiges und verantwortungsvolles Arbeiten als Tierkommunikator möglich wird.

Heute unterrichte ich zusammen mit von mir ausgebildeten Lehrern in Deutschland, Österreich und der Schweiz.

Der nächste Schritt war es, das Buch über die Kommunikation mit Katzen zu schreiben, das Sie nun in Händen halten.

Als sehr eigenständiges Tier mit ausgeprägten mentalen Fähigkeiten bietet sich die Katze gerade zu für die Vermittlung der Tierkommunikation an. Sie können alle Übungen aber selbstverständlich auch mit anderen Tieren machen.

Es ist meine Absicht, einen neuen Weg im Umgang mit den Katzen aufzuzeigen und jedem Menschen mit einfachen Übungen die Fähigkeit der telepathischen Kommunikation mit dem eigenen Tier zu eröffnen. Darüber hinaus möchte ich Ihnen verschiedene alternative Heilmethoden für Ihre Katze vorstellen, die den Gang zum Tierarzt jedoch nicht ersetzen.

Dieses Buch soll dazu beitragen, die eigene Beziehung zu Tieren zu heilen und sich selbst im spirituellen Miteinander mit den Tieren besser kennen zu lernen. Ich habe mich bemüht, nicht allzu ernst zu werden, und hoffe, daß meine Leser genauso viel Freude beim Lesen dieses Buches empfinden werden, wie mir sein Verfassen bereitet hat.

1. Wie eine Katze ihren Menschen empfindet

Fast alle Katzen, die mir begegnet sind, vermittelten mir das Gefühl, den Menschen überlegen zu sein. Allerdings nicht auf eine arrogante Art, sondern durch ihre innere Freiheit, die die Menschen neben ihnen meist erstaunlich unselbständig wirken läßt.

Natürlich sind nicht alle Katzen gleich, genauso wie sie sich in ihrem Erscheinungs- und Charakterbild unterscheiden, variieren auch die Meinungen der Samtpfoten über uns Menschen. Einige unter ihnen halten uns für nichts weiter als Dosenöffner, während andere ein sehr positives Bild von den Menschen zeichnen, mit denen sie zusammenleben.

Shalom, eine Siamkatze (15 Jahre alt), erzählt:
»Ich habe sehr viel zu tun. Meine Menschenfreundin ist in ihrem Inneren noch ein Kind und stellt dauernd Dinge an, die sie sehr traurig machen. Ich spreche den ganzen Tag mit ihr, um sie zu beschützen. Leider hält sie sich nur selten an das, was ich ihr sage.«

Muck, ein zweijähriger Streuner aus Bukarest:
»Ich weiß nicht, was ich dir erzählen soll, ich weiß eigentlich auch nicht, ob ich überhaupt sprechen soll! Ihr tretet und schlagt uns auf der Straße und wenn ihr könnt, dann bringt ihr unsere Kinder um.«

Hexe, eine fünf Jahre alte Tigerkätzin:
»Ich liebe meine Menschen. Sie lassen mich in ihrem Bett schlafen und geben mir kleine Fischstücke in den Mund. Ich passe auf ihr Wohnung auf und werde dafür täglich belohnt.«

Wie aus diesen Aussagen hervorgeht, gibt es viele Meinungen seitens der Katzen über die Menschen. Insgesamt sehen uns Katzen als sehr interessante Wesen, die sich nach und nach darüber bewußt werden, daß sie nicht alleine auf der Erde sind und ihren Lebensraum mit andern Wesen teilen müssen.

Die meisten Katzen wünschen sich mehr Ausgeglichenheit von ihren Menschen, und daß diese sensibler auf ihre vierbeinigen Mitbewohner reagieren. In den Augen unserer Katzen werden wir zu Toilettenreinigern und Dosenöffnern, wenn wir andere Aspekte des Daseins und Zusammenlebens mit Tieren vergessen und die Tiere als »Objekte« ansehen.

Unsere Katzen sprechen dann darüber, daß sie unzufrieden mit ihren Menschen sind, und daß sich die Kommunikation zum Menschen nur noch auf das Vermitteln ihrer Grundbedürfnisse beschränkt. Diese Tiere sind dann frustriert, sie haben das Gefühl, weder gehört noch respektiert zu werden. Sie reagieren darauf mit Zerstörungswut und Markieren.

Viele Katzen wiederum sind sehr stolz auf ihre Menschen, besonders wenn diese anfangen, sich für die Seele ihrer Katzen zu interessieren und sich spirituell weiterzubilden. Die Katze eines solchen Menschen verändert sehr rasch ihr Verhalten und versucht, ihr Wohlgefallen an der geistigen Entwicklung Ihres Halters auszudrücken. Sie intensiviert die Bindung zu »ihrem« Menschen und wird diesem zeigen, daß sie seine Veränderung spürt und schätzt.

Nach einer Umfrage aus dem Jahr 1999, die der amerikanische Veterinärklinikverband durchgeführt hat, haben Tierhalter in den USA folgende Beziehungen zu ihren Tieren:

- 84 % der Tierhalter bezeichneten sich als »Mom« oder »Dad«, also als Mama und Papa ihres Tieres.
- 72 % der verheirateten Tierhalter erklärten, daß sie beim Nachhausekommen zuerst ihr Tier begrüßen würden. Erst an zweiter Stelle stünde bei der Begrüßung der Lebenspartner.
- 63 % feiern den Geburtstag ihres Tieres.
- 80 % gaben »Gesellschaft« als Hauptgrund für das Zusammenleben mit ihrem Tier an.
- 57 % erklärten, daß, wenn sie sich ein Lebewesen als Begleitung auf eine einsame Insel mitnehmen könnten, es ihr Haustier wäre.

(Befragt wurden sowohl Hunde- als auch Katzenhalter.)

In Deutschland verhält es sich nicht viel anders, wie ich aus eigener Erfahrung mit meinen Seminarteilnehmern bestätigen kann. Sehr oft werden Tiere von ihren Besitzern wie Menschen behandelt. Dies ist nicht immer im Interesse des Tieres.

Aus Sicht unserer Haustiere sind wir Freunde oder Rudelmitglieder. Wenn sie uns aufgrund bestimmter Verhaltensweisen als schwächere Rudelmitglieder empfinden, versuchen sie oft, uns zu helfen.

Wie kommt es zu so vergleichsweise unterschiedlichen Ansichten von Mensch und Tier? Ein sehr wichtiger Aspekt ist, daß die Katzen im Gegensatz zu uns Menschen nicht alle Möglichkeiten und Entscheidungsfreiheiten haben. Sofern sie keine herumstreunenden Katzen sind, können sie nicht entscheiden, wo, wie und mit wem sie leben. Hinzu kommt, daß wir seit ca. zwei Jahrhunderten unsere Mitwesen, die Tiere, wie Gegenstände behandeln, mit denen wir nach Lust und Dünkel verfahren. Hätten wir ein Verständnis von den Tieren, das dem der Indianer ähnlich ist, so könnten wir die Tiere nicht so benutzen, wie wir es heute tun.

Heutzutage wenden wir uns unseren Mitgeschöpfen oft aus folgenden Gründen zu: Aus purem Luxus heraus, weil wir in unserer seelisch armen Gesellschaft übersättigt sind und keine andere Möglichkeit mehr haben, um uns unsere Zeit zu vertreiben. Oder weil wir einsam sind, uns nach Gesellschaft sehnen, die wir von einem anderen Menschen nicht bekommen. Weil wir egoistisch sind und eigentlich in der Reflektion über das Tier nur etwas über uns selbst erfahren wollen, wobei wir das Tier unwissentlich als Abladestation für eigene Wünsche oder Nöte missbrauchen.

Was auch immer diese Wünsche und Nöte sein mögen, sei es die Sehnsucht nach Zärtlichkeit oder Liebe, Nähe, Gesellschaft, Spaß und Spiel, Heiterkeit oder sogar ein heimlicher Kinderwunsch: Indem wir diese Vorstellungen auf das Tier projizieren, tun wir unserem Verhältnis zu ihm keinen Gefallen.

Bevor Sie sich nun dazu entscheiden, den Weg der direkten Kommunikation zu Ihrem Tier zu gehen, seien Sie sich bitte über Ihre ehrlichen Beweggründe im Klaren:

Möchten Sie das Verhältnis zu Ihrem Tier besser verstehen? Oder steht vielleicht nicht doch Ihr eigener Egoismus im Vordergrund, der sich wünscht, dieses Verhältnis zu Ihren Gunsten auszubauen und weiter auszunutzen?

Bitte bedenken Sie dabei, daß Sie für Ihre Katze der Mittelpunkt ihres Lebens sind, und daß sie nur auf spirituellen Ebenen mit Ihnen vollkommene Freiheit erfahren kann.

2. Das spirituelle Leben mit Katzen

Ihre Katze lebt ihr eigenes Leben. Sie befindet sich in einer von ihr gewählten Inkarnation und hat sich »ihren« Menschen ausgesucht. Wenn ich mich mit den Gedanken dieser Wesen verbinde, empfinde ich immer ein Gefühl von Unabhängigkeit und innerer Freiheit. Was das Wesen einer Katze für mich so besonders macht, ist ihre geistige Kraft und Spiritualität, die sich in dieser Form nur bei sehr wenigen Tieren findet.

Ich denke, daß es nicht möglich ist, Katzen oder auch andere Tiere gänzlich zu verstehen. Mit der Tierkommunikation können wir uns aber auf spirituelle Weise der Mensch-Tier-Beziehung annähern.

Das spirituelle Leben mit einer Katze bedeutet, das menschliche Ich loszulassen und sich der Tierseele hinzugeben. Damit entfernen Sie sich von den kleinen Problemen des Alltags und von Ihren festgefahrenen Emotionen. Sie lernen etwas Größeres, Erhabenes kennen und beginnen durch die Erfahrung des inneren Loslassens, das Göttliche in Ihrer Katze zu spüren.

Sie werden vor dem ersten Morgenkaffee an Ihre Katze denken und sie nicht nur füttern, sondern bewußt mit ihr in Kontakt treten. Sie werden sich zu ihr setzen, ihr Fell und die Spannung in ihrem Körper spüren und sie wissen lassen, daß Sie sie lieben. Diese Empfindsamkeit für die alltäglichen Wünsche Ihrer Katze, für ihre Befindlichkeit, Interessen, dieses erste Gefühl des Tages, das sich auf Ihre Katze richtet und Sie mit Liebe erfüllt ist gelebte Spiritualität.

Wenn Sie auf diese Art innig mit Ihrem Tier verbunden sind, so werden Sie seine Krankheiten, Schmerzen oder Gefühle erspüren – und zwar lange, bevor diese sich körperlich manifestieren. Die meisten Menschen haben meiner Ansicht nach diese höhere emotionale Fähigkeit verloren. Deswegen ist es erforderlich, daß Sie in Ihren persönlichen Empfindungen über sich selbst hinauswachsen.

Viele Menschen wünschen sich, mit ihrem Tier nicht nur eine gute Partnerschaft zu haben, sondern auch das geistige Wachstum mit ihm zu teilen. Es ist für uns einfacher, unsere Spiritualität zuerst über unser Tier zu erfahren und uns erst dann auf die eigene spirituelle Reise zu uns selbst zu begeben. Ich finde daran nichts Verwerfliches, im Gegenteil: Katzen wissen genau um diese Tatsache und verstehen es als Teil ihrer Aufgabe, uns Menschen in unserem spirituellen Wachstum zu unterstützen.

Die Erfahrung der eigenen Spiritualität mit Hilfe von Katzen ist uns nur möglich, wenn wir die geistige Unabhängigkeit der Katze unberührt lassen. Dies bedingt ein kontinuierliches, spirituelles Miteinander im Alltag.

Da Katzen sehr stark mit ihrem kollektiven Bewußtsein (also ihrer Gruppenseele) verbunden sind, tauschen sich die auf der Erde inkarnierten Katzen untereinander ständig über die Entwicklung der Menschen aus. Dies ist eine Handlungsweise, die sich nicht nur auf Katzen beschränkt, alle Tiere lernen über ihr kollektives Bewußtsein. Sie kommunizieren dort auf verschiedenen Ebenen und speichern Informationen in Energiefeldern der Erde ab.

Sollte es in zehn Jahren üblich sein, ein Katzenmädchen künstlich zu befruchten (vielleicht mit der Begründung, die jeweilige Rasse zu erhalten), so wird sich dieses

Tier während der Narkose mit dem Kollektivbewußtsein verbinden und dort nach dem Sinn und Zweck des Eingriffs fragen. In diesem Bereich werden Erfahrungen und Erlebnisse von vielen Tieren gespeichert, auf die andere Tiere dann zugreifen können.

Wie Sie sicher aus Ihrem Zusammenleben mit Katzen wissen, erleben Katzen jeden Augenblick neu und anders. Sie können mit demselben Enthusiasmus und Interesse täglich die gleichen Handlungen von uns Menschen beobachten und diese immer wieder spannend finden. Diese Fähigkeit beruht mit Sicherheit auch auf der speziellen Wahrnehmung der Zeit, die diese Tiere haben.

Tiere verarbeiten ihre Umwelt anders als wir Menschen. In meinen Therapiesitzungen für Menschen bemerke ich sehr oft, daß ein großer Teil der Probleme und Ängste, mit denen Menschen zu kämpfen haben, ihren Ursprung im so genannten »Konsumgedanken« haben.

Wir benutzen (konsumieren) Gegenstände, Situationen oder auch andere Lebewesen (Tiere oder Pflanzen). Wir häufen Güter an, um uns ein Gefühl der vermeintlichen Sicherheit zu geben, ohne uns bewußt zu werden, daß wir uns damit belasten. Viele alte Menschen haben Angst zu sterben, weil sie ihr Leben lang damit beschäftigt waren, Materielles zu horten und dies nun am liebsten für immer mit sich nehmen würden. Im Alter müssen sie feststellen, daß sie sich nicht auf das Loslassen vorbereitet haben. Es ist nur natürlich, daß starkes Klammern an irdische Sicherheit und Materie den Weg in die geistige Freiheit verwehrt.

Tiere sind frei von solchen Problemen, da sie materielle Bindung nicht kennen. Ihre Katze kennt die Wahrheit über die Unendlichkeit und die Unsterblichkeit.

Durch dieses Wissen genießt sie eine absolute Freiheit und eine tiefe Verbindung zu Gott.

3. Katzensprache

Katzen sind sicherlich die interessantesten Gesprächspartner, leider sind sie, wie Sie merken werden, nicht immer die einfachsten. Die Unnahbarkeit, die wir an diesen Großstadttigern so schätzen, läßt anfangs auch den optimistischsten Studenten der Tierkommunikation verzweifeln.

Grundsätzlich wissen Katzen, daß Menschen die Fähigkeit besitzen, auf telepatischem Wege mit ihnen zu sprechen. Im Laufe ihres Lebens begreifen sie aber, daß die meisten Menschen diese Fähigkeit nicht einsetzen. Aus diesem Grund ziehen sie sich zurück und sind nicht leicht zur Kommunikation zu motivieren.

Man kann diesen Zustand mit einer Partnerschaft vergleichen, in der einer der Partner dem anderen seine Lebensvorstellungen und Träume zu beschreiben versucht und von dem anderen nicht verstanden wird. Der Grund für dieses Unverständnis liegt aber nicht an der Unfähigkeit des Partners, sondern an seinem mangelnden Interesse. Daß sich der erste Partner daraufhin nach und nach zurückzieht, ist mehr als verständlich.

In einem Reading (siehe Kapitel 5) erklärte mir Piotr, ein kleiner getigerter Kater:
»Es ist nicht so, daß wir Katzen darunter leiden, wir wundern uns nur. Besonders wenn die Menschen nach langer Zeit versuchen, uns Bilder zu senden und mental zu erreichen. Wir sagen dann unseren Welpen, daß diese Menschen nun aufwachen und erwachsen werden.«

Aus Sicht unserer Katzen ist es recht amüsant, wenn ihre Menschen beginnen, zu meditieren und ihre Kanäle zu öffnen. Die meisten Tiere freuen sich über die Möglichkeit der Kontaktaufnahme. Es gibt aber durchaus auch Tiere, die für unsere Kommunikationsversuche nicht offen sind. Diese Haltung sollten wir respektieren. Wenn mit diesen Tieren ein »Gespräch« nur schwer möglich ist oder das Tier den Gesprächspartner lange in der »geistigen Warteschleife« hält, bevor es sich zu einem Gespräch bereit erklärt, sollten wir das akzeptieren. Nach meiner Erfahrung verweigern neben Katzen vor allem Pferde häufig die Kommunikation.

Möchte ein Tier nicht mit Ihnen sprechen, so muß dies nicht zwangsläufig am Menschen liegen. Vielleicht hat es in einem früheren Leben schlechte Erfahrungen mit Menschen gemacht, die bis in dieses Leben hineinreichen (siehe *Emotionalkörper*, Kapitel 8). Es kann sein, daß Ihre Katze, bevor sie mit Ihnen sprechen möchte, erst einmal von Ihnen umgarnt und gebeten werden will.

Kritisch und zugleich amüsant wird es, wenn durch ein Tier die Tierkommunikation in Frage gestellt wird. Ich kann mich an einen meiner ersten Fernsehauftritte erinnern, dabei bat man mich, mit einem von drei anwesenden Hunden Kontakt aufzunehmen und zum Beweis meines Könnens das Tier nach der Einrichtung seines Zuhauses zu befragen. Es handelte sich um eine Live-Sendung. Es gab keine Zeit zur Vorbereitung und alle drei Hunde waren mir vorher nicht bekannt. Zwei der Tiere verweigerten das Sprechen komplett, nur der dritte Hund, eine junge Doggendame, ließ sich auf einen Gedankenaustausch ein.

Sie warf mir meine Erwartungshaltung regelrecht vor und begründete das ablehnende Verhalten mit der Tatsache, daß noch nie zuvor ein Mensch versucht hatte, auf diese Weise mit ihr in Kontakt zu treten. Innerlich flehte ich sie um die richtigen Bilder an, ging es doch um den Beweis dafür, daß Tiere sprechen können – und dies wollte ich schließlich den Menschen im Studio und vor den Bildschirmen zeigen. Ich danke dieser Hundedame heute noch für ihr Mitleid, denn sie versorgte mich mit sehr genauen Bildern ihrer gesamten Wohnräume und der Umgebung.

Tiere, die die Kommunikation verweigern, sind glücklicherweise die Ausnahme.

Um mit Ihrer Katze »sprechen« zu können, ist es wichtig, daß Sie sich vor Augen führen, daß sie die Welt aus einer andern Perspektive sieht und eine andere Vorstellung der Erfüllung ihres Lebens hat als Sie. Die Art und Weise, in der ein Tier seine inneren Bilder sendet und die dazugehörigen Emotionen, hängt stark von dem jeweiligen Körperbau ab, darum kommuniziert jedes Tier mit einer etwas anderen Bildsprache. Es ist wie bei uns Menschen, kleiner Gewachsene sehen ihre Umwelt anders als größere Menschen.

Jeder sieht die Welt aus seiner Sicht und versucht, sie danach zu gestalten. Deshalb ist es wichtig, sich in die Größe Ihrer Katze einzufühlen und ihre Welt zu betreten. Legen Sie sich auf den Teppich und beobachten Sie Ihr Tier, versuchen Sie, mit geschlossenen Augen den Weg Ihrer Katze zum Futternapf oder auf die Terrasse zu gehen. Überlegen Sie, welche markanten Punkte oder schwierigen Hindernisse auf der Route Ihrer Katze liegen. Erst durch diese Übung begreifen Menschen, daß beispielsweise ein neues Sofa nicht so optimal plaziert ist, wie man aus der aufrechten Perspektive heraus angenommen hatte.

Wenn Sie die Körpergröße Ihrer Katze zu erforschen versuchen, kann es sein, daß Sie schnell starke Müdigkeit verspüren. Diese entstammt nicht, wie vielleicht vermutet, Ihrer neuen sportlichen Betätigung, sondern den Energien, die sich auf der Erde sammeln.

Negative oder belastende Energien sammeln sich wie eine Nebelschicht auf dem Boden Ihrer Wohnung. Diese Energien werden Tag für Tag mehr oder weniger unabsichtlich von den Menschen in Form von Gedanken, Worten und Taten produziert oder von draußen mit in den Wohnraum getragen. Sie können sie durch Räuchern mit Weihrauchharz, Kampfer, Gebeten und der Vorstellung einer violetten, reinigenden Flamme klären. Da Ihr Tier in dieser Raumhöhe lebt und die Energien permanent auf die Aura der Katze wirken, können Sie sich vorstellen, wie stark so ein felines Energiefeld ist. Sie selbst profitieren im Übrigen in jeglicher Hinsicht von der energetischen Raumhygiene.

Wenn Sie langsam eine Ahnung vom räumlichen Empfinden Ihrer Katze gewonnen haben, stellen Sie sich vor, was es für eine Wohnungskatze bedeutet, wegzulaufen und beispielsweise dem Straßenverkehr einer Großstadt mit hupenden Autos, bellenden Hunden und sonstigen Gefahren entgegenzutreten.

Die Katze ist mit herausragenden Sinnen ausgestattet. Die Sehfähigkeit von Katzen ist für mich wie die Linse einer Kamera, die sich durch das Objekt, das erfaßt wird, verengt. Stellen Sie sich vor, Sie würden die Welt nicht *sehen* und darauf reagieren, sondern *wahrnehmen* und sich mit ihr bewegen. Das ist es, was Ihre Katze mit den Bildern auf ihrer Netzhaut eigentlich tut, sie läßt sich von dem Gesehenen mittragen und verbindet sich spielerisch mit der jeweiligen Umgebung.

Wie mir einige Katzen vermittelt haben, empfinden sie die Menschen manchmal als eine Art Roboter, die die Dinge nur sehen, wenn darauf eine Handlung folgen soll, was bedeutet, daß ein Mensch etwas sieht und seine Handlung, seine Reaktion darauf einstellt.

Katzen beobachten stundenlang und variieren aus einem Impuls heraus eine Bewegung immer wieder, obwohl sie wissen, daß dasselbe Ergebnis folgen wird. Das ist das göttliche Erleben in Reinform und zeigt, wieso wir Katzen niemals ganz domestizieren können. Selbst durch Zucht ist es dem Menschen nicht möglich, Tieren dieses wesenhafte Verhalten abzutrainieren.

Samtene Pölsterchen an den Pfoten, die eine Katze über feine Äste tragen, helfen dabei, ihr Gewicht optimal zu verteilen. Mit ihren scharfen Krallen kann sie jeden Baum erklimmen. Ihr Schwanz erkennt wie der Balancestab eines Trapezkünstlers jeden Luftzug und entschärft diesen sogleich. Ihre Schnurrhaare messen wie ein körpereigener Radar Abstände bis zu den empfindlichen Augen und der Nase und helfen dabei, kleine Duftpartikel für die Nase aufzufangen und zu konservieren.

Suleika, eine dreijährige Glückskatze, erzählte mir:
»Meine Sinne sind wie ein Tanz durch das Erleben, wir Katzen lieben unsere Pfoten und die feinen Haare über dem Maul, denn sie helfen uns, zu verstehen und zu empfinden. Gott hat sie uns zum Geschenk gemacht, damit wir mehr über ihn erfahren können.«

Es gibt viel zu lernen von diesen feinen Gesellen. So dürfen wir ihren Geschmacks- und Geruchssinn nicht zu Tode stimulieren, wie wir es unseren eigenen Körpern antun und so immer unempfindsamer werden. Für Katzen stinken Parfüms und Duftwässerchen zum Himmel, da sie den eigentlichen Geruch überlagern und verfälschen.

Doch bei uns Menschen kommt es vor, daß eine Frau in eine Bar geht, dort einen sympathischen Mann kennenlernt und sich unter anderem von seinem Parfüm verführen läßt. Seinen körpereigenen Geruch nimmt sie kaum wahr. Sie weiß also nicht, ob sie ihn »riechen« kann und wird dies erst nach und nach feststellen.

Leider verkümmert der Geruchsinn der Katzen von Generation zu Generation zusehends und dafür muß ein Katzennäschen noch nicht einmal in Mopsart gezüchtet sein. Die Tiere atmen Gerüche im Zusammenleben mit den menschlichen Artgenossen ein, für die ihre Nase nicht entwickelt wurde. Lacke, Parfüms, Duftneutralisierer (für Tiere sind diese nicht geruchlos) und andere Stoffe überlagern natürliche Gerüche, an denen sich die Katze ursprünglich orientieren konnte. Sie riecht dann, daß ein Duft von Menschen gemacht ist, kennt aber seine Signatur nicht und kann ihn nicht deuten.

Immer wenn ich mit meinem Hund in Wien bin, werde ich Zeuge dieses Problems. Wer das Herz von Wien kennt, weiß, daß es dort viele Kutschen mit wundervollen Pferden davor gibt, die Fiaker. Daß mein kleiner Mops mit einem übergroßen Ego gesegnet ist, bringt ihn dort in die Verlegenheit, über all diese – aus seiner Sicht unmöglichen – Pferdegerüche »hinwegduften« zu wollen. Mit jedem Besuch in Wien hat er es sich mehr zur Aufgabe gemacht, alle Pferdegerüche zu übertünchen. Das Sprechen während eines solchen Mammutprogramms habe ich mit den Jahren aufgegeben und mich an ein ständiges Grummeln und Schimpfen seinerseits in Österreichs Hauptstadt gewöhnt.

Nur einmal erlebte ich eine Überraschung. Wir standen auf dem Graben, der großen Einkaufsstraße in Wiens Zentrum, neben uns vier bespannte Kutschen, die auf Gäste warteten. Als das Ziehen und Zerren am anderen Ende der Leine auf einmal aufhörte, wurde ich stutzig und sah nach unten. Die großen Augen meines Hundes wanderten fassungslos zwischen den Pferdekutschen und der Tür einer Parfümerie, die gerade hinter uns geöffnet worden war, hin und her. Die Nase zuckte, und kleine schwarze Ohren hingen entmutigt auf die traurigen Falten der Mopswange. Ich kann Ihnen schwer beschreiben, wie ein Tier Fassungslosigkeit kommuniziert, aber dies ist das perfekte Beispiel dafür.

Aber zurück zur Welt der Katzen und deren akustischer Wahrnehmung. Daß dem feinen Gehör einer Katze nichts entgeht, ist Ihnen sicher nicht neu. Sie kennen Ihre schläfrigen Jäger, die mit keiner Bewegung Anteilnahme an der Welt um sie herum signalisieren, dabei die Augen fest geschlossen halten und den kleinen Mund zu einem schläfrig-süffisanten Grinsen verziehen, während ihr Schweif teilnahmslos neben ihnen liegt. Das einzig Verräterische sind die Ohren, kleine, samtbezogene Trichter, die sich in fast unmerklichen Bewegungen auf die Umwelt richten. Sie scheinen Geräusche zu sondieren und in zwei Kategorien zu unterteilen: Gewöhnlich und außergewöhnlich.

Da Ihre Katze von Natur aus zu den erhabenen Wesen gehört, wird sie sich nur zu einer Reaktion herablassen, wenn ein Geräusch ihre Aufmerksamkeit verdient. Wie Katzen mir vermitteln, haben sie einen fast unendlichen Speicher an Geräuschen und Tönen. Sie reagieren anders als Hunde, denn ein Hund wird sich bei demselben Bellen des Nachbarhundes immer wieder aufregen und uns seine Bestürzung hören lassen. Es ist eben seine Natur, den Menschen zu bewachen. Eine Katze jedoch bewacht sich selbst und wird, wenn ihr Lebensraum für sie sicher und bekannt ist, nur auf Geräusche reagieren, die sie mit Gefahren verbindet.

Wenn ich einmal eine Katze nicht sofort orten kann, so liegt der Grund hierfür meist in ihrer Reaktion auf ein Geräusch, welches ihr bislang unbekannt war. Es scheint, als würden Katzen sehr viel von ihrer inneren Ruhe und Überlegenheit aus der Kenntnis ihrer Umwelt beziehen.

Tritt ein neuer Klang in die gewohnte Umgebung ein, so verliert eine Katze für einen Augenblick die Orientierung. Ich fand in vielen Gesprächen mit den von mir wiedergefundenen Katzen heraus, daß sie vor einem heruntergefallenen Blumentopf, der umgestürzten Leiter eines Handwerkers oder einem Gewitter geflohen sind, um sich in Sicherheit zu bringen. Das ist eine völlig naturgemäße Reaktion, wenn wir bedenken, daß übernatürlich laute Geräusche (Gewitter ausgenommen) im natürlichen Lebensraum einer Katze nicht vorkommen. Unsere Katzen geben ihr Wissen von Leben zu Leben weiter in das kollektive Unterbewußtsein aller Katzen.

Maxim, ein junger Glückskater, erklärte mir:
»Wir Katzen lernen von Generation zu Generation, besser mit unserer Umwelt umzugehen, aber ihr Menschen vergeßt oft, daß euch alles erklärt wird. Für uns ist das nicht so. Wir haben nur die Möglichkeit, uns schnell auf etwas Neues einzustellen, sonst kann es sein, daß es für uns gefährlich wird.«
(Maxim hatte hinter einem Auto gesessen, als es aus der Garage herausfuhr, und dabei eine schwere Verletzung am rechten Hinterbein erlitten.)

Ich möchte an dieser Stelle anmerken, daß eine Operation, eine Sterilisation oder der generelle Besuch bei einem Tierarzt für die meisten Katzen keine unbekannte Sache ist. Millionen von Katzen sind mittlerweile über viele Generationen hinweg operiert oder geimpft worden. Auch diese Handlungen haben sich in das kollektive Unterbewußtsein der Katzen eingeprägt und werden mittels Schwingung während eines Besuchs beim Tierarzt abgerufen. Freundlich wäre es aber dennoch, wenn Sie Ihrer Katze das jeweilige Vorhaben vorab erklären oder einen Tierkommunikator bitten würden, dieses für Sie gewissenhaft zu tun. Ihr Tier kann sich dann besser darauf einstellen und wird währenddessen viel ruhiger sein.

Außergewöhnlich ist auch der Geruchssinn der Katze. Da gibt es kleine Genießer, die nur Leber, weißes Fleisch oder einen halben Tag alte Innereien verzehren. Wenn ich mich mit so einem Problem auseinandersetze, bin ich meinem Gott für meinen kleinen mopsigen Freund sehr dankbar, der nichts außer Sauerkraut und Kaugummi verschmäht.

Was macht Katzen so wählerisch bei der Nahrungsaufnahme? Eine wichtige Rolle spielen mit Sicherheit die Lockstoffe und Geschmacksverstärker, die dem industriellen Katzenfutter weiterhin beigefügt werden. Sie führen zu einer Überstimulation des Geschmacks- und des Geruchssinns des Tieres. Da wir als Menschen aber nicht wissen, welche Stoffe gerade die eigene Katze in einen glückvollen Futtertaumel verfallen lassen, können wir nur Vermutungen anstellen. Wird eine bestimmte Futtermarke zwei Monate lang akzeptiert und Sie legen sich erleichtert einen Halbjahresvorrat an Dosen an, kann es durchaus vorkommen, daß Ihre Katze es bald darauf wieder verschmäht. Der Grund dafür ist, daß viele Lockstoffe wie die Duftstoffe eines zu oft getragenen Parfums für die Katze nicht mehr wahrnehmbar sind. Die Stimulans ist sozusagen aufkonsumiert und das Futter »kickt« nicht mehr.

Ein anderer Grund dafür, daß Katzen mitunter so heikel sind, ist, daß sich die Qualität des im Futter enthaltenen Fleisches verändert, wir dies aber weder an der Farbe noch am Geruch erkennen können. Ihre Katze mit ihren feinen Sinnen kann dies schon. Katzen erfassen sehr schnell die Schwingung eines Nahrungsmittels, und ob es ihnen zuträglich ist. Die Futterindustrie vereitelt dieses instinktive Verhalten, indem das Tier durch bestimmte Stoffe gelockt wird. Und diese Lockstoffe, die fast ausschließlich aus Hormonen bestehen, wirken auf den Stubentiger wie ein flüchtendes Reh auf ein Rudel Wölfe. Das Triebverhalten wird angesprochen und die kleine Hauskatze mutiert zum mutigen Napfjäger.

Dieses Verhalten kann für eine Katze zum Verhängnis werden, wenn sie z. B. eine vergiftete Maus oder Ratte erlegt und so Gift aufnimmt. Die sonst so klugen Tiere gehen mit der Euphorie der Jagd über ihr Körpergefühl hinweg und fügen sich dadurch unbewußt Schaden zu.

Der Trieb einer Katze ist eng mit deren Geschmacks- und Geruchssinn verknüpft. Diese Elementarsinne sind es, die nicht nur Tiere, sondern auch Menschen zur Erhaltung der eigenen Spezies führen. Der neutrale Geruch eines Kindes, welches ja noch keine Geschlechtshormone entwickelt hat, soll es in seiner Umgebung vor sexuellen Übergriffen durch Erwachsene schützen, verstärkt durch das so genannte »Kindchenschema«: Übergroße Augen und ein rundes Gesicht erinnern an die Unschuld der Kinder und ihre Wehrlosigkeit.

Der Geruch ist es auch, der Menschen und Tiere zum ergänzenden Pendant bzw. Partner führt.

Kranke Tiere und Menschen nehmen einen anderen als ihren üblichen Geruch an und signalisieren damit einen Krankenzustand. Daß gesunde Katzen sich in der freien Natur von kranken Tieren fernhalten, ist unter anderem durch den Geruch der verletzten oder ungesunden Tiere bedingt. Ich kann mühelos am Geruch eines Tieres erkennen, ob sein Säure-Basenhaushalt im Gleichgewicht ist oder ob ein Teil des Drüsensystems nicht richtig arbeitet.

Auch die Fleischsorten, mit denen eine Katze oder ein Hund gefüttert wird, lassen sich mit etwas Übung gut »erriechen«. Übrigens war es der erklärte Wunsch einiger Katzen, daß ich in diesem Buch darauf hinweise, daß ein sauberes Katzenklo wirklich die Katze froh macht und das hochsensible Näschen nicht leiden läßt.

Über die Sinneswelt der Katzen erhalten wir wichtige Informationen, die dem jeweiligen Tiergespräch individuellen Charakter verleihen. Indem wir für die Sinne einer Katze sensibler werden, können wir wichtige Einblicke in ihre Gesundheit und ihr Körperempfinden gewinnen.

Der magische sechste Sinn der Katze

Wie wir alle, so hat auch eine Katze einen sechsten Sinn. Diese Wahrnehmungsebene ist es, die eine Katze so unergründlich und mystisch erscheinen läst. Ihretwegen können wir uns vorstellen, daß dieses Tier *neun Leben* hat.

Ihre Katze nimmt (wie jedes andere Tier auch) nicht nur die reale Welt (also das, was Sie berühren oder sehen können) wahr, sie sieht auch alles, was dem menschlichen dritten Auge für gewöhnlich verborgen bleibt. Katzen sind wahre Meister in der Kommunikation mit Engelwesen, Hausgeistern und anderen Geistwesen.

Andere Tiere sehen und kommunizieren über die Gefühlsebene zwar auch mit dieser Welt, Ihre Katze tut dies aber ganz bewußt. Sie setzt sich mit positiven und negativen Wesen auseinander und versucht im Zweifelsfall, unliebsame »Hausgäste« zu vertreiben. Anders als andere Tiere wehrt sich eine Katze und stellt sich gegen negative Energien.

Unter dem Begriff »negative Energien« sind viele Sorten von Wesenheiten zusammengefaßt. Im Allgemeinen versteht man darunter negative Elementarwesen, Blockaden, negative Gedankenformen (ab dieser Stufe bilden Geistwesen so etwas wie einen Intellekt und agieren in einem niederen Bewußtsein), gebundene Seelen, negative Engel, Dämonen usw.

Ihre Katze kann ein negatives Wesen bis zu einem gewissen Grad in die Dimension zurückverbannen, aus der es gekommen ist. Diese Art von Hausreinigung betreibt sie ihr ganzes Katzenleben lang. Sie legt sich auf Wasseradern und Störfelder und balanciert diese aus, während Hunde und andere Tiere diese Stellen meiden oder versuchen, ihre Menschen durch Gebell oder ein verändertes Verhalten darauf aufmerksam zu machen. Ein Hund wird auch selten versuchen, ein negatives Wesen aus dem Wohnraum zu vertreiben, er schlägt eher Alarm und bellt es an in der Hoffnung, daß seine Menschen etwas dagegen unternehmen. Als Antwort wird er so oft zurückgewiesen, daß er diese Art von Schädlingsbekämpfung einstellt.

Sollte Ihre Katze also fauchend und mit gefletschten Zähnen in eine leere Ecke starren, dann ist sie wahrscheinlich damit beschäftigt, negative Energien abzuwenden.

Aber freuen Sie sich nicht zu früh: Es ist nicht die Lebensaufgabe einer Katze, solche energetische Hausreinigung zu betreiben, und sie kann dies nur tun, solange ihre Aura und ihr seelisches Empfinden gesund und glücklich sind und sie selbst dabei nicht gefährdet wird. Denn nur dann bekommt das Tier genügend positive Energie, um derlei kräftezehrende Aktionen unbeschadet zu überstehen.

Es ist kein Zufall, daß wir auf alten Darstellungen von Alchemisten und Magiern so häufig Katzen finden. Diese Menschen waren sich des Schutzes, den diese kleinen Tigern, gewähren, bewußt.

Dunkle Rituale, in denen schwarze Katzen geopfert werden, haben auf der anderen Seite für Satanisten den Zweck, den Schutz der positiven Ebene zu durchbrechen und mit der Kraft der Katzen den Zugang zu anderen Ebenen zu bekommen. Hier noch ein weiteres Bild, mit dem Sie die besondere Energie der Katzen vielleicht noch besser verstehen können: Auch wenn wir Europäer eine Abneigung gegen diese Tiere haben, so spricht doch einiges für das Bild, welches uns im Hinduismus vermittelt wird, wo Ratten als Nagetiere dargestellt werden, die viele negative Energien transformieren und für den Menschen auflösen, wie dies auch die energetische Aufgabe von fast allen uns bekannten Schädlingen ist. Diese Tiere tauchen nur dort in Scharen auf, wo Menschen realen Abfall oder energetischen Müll produzieren. Von dem einen ernähren sie sich auf der körperlichen Ebene, die feinstofflichen Energien transformieren sie über ihr Energiesystem. Das heißt, sollten Sie auf einmal Probleme mit Motten, Mäusen oder andern kleinen Tieren haben, kann es sich um mangelnde Hygiene oder aber auch mangelnde spirituelle Hygiene handeln, die durch »Gottes kleine Müllabfuhr« wiederhergestellt werden soll.

Zur Zeit der großen Pestepidemien des Mittelalters hatten die Menschen den Glauben an das Licht verloren, den Glauben an Reinheit und Liebe, und dadurch ihre Energiefelder geschwächt. Negative feinstoffliche Energien hatten wenig Widerstand zu bekämpfen und so raffte die Pest die Menschheit dahin.

Die Ratten als Überträger der Tröpfcheninfektion taten, zusätzlich zu der nicht vorhandenen Kanalisation in den wachsenden Städten, ihr Übriges: Sie verbreiteten die Pest unter den Menschen und vermehrten sich durch das Überangebot an Nahrung in unglaublicher Weise.

Normalerweise hätten Katzen dieser Kettenreaktion etwas Einhalt gebieten können, aber in diesen Zeiten wurden viele der schwarzen oder auf bestimmte Art gefleckten Katzen getötet, weil man sie als Verbündete des Teufels ansah. Die Menschen hatten sich selbst den Schutz eines »energetischen Torhüters« entsagt – und litten darunter. Wie hier zu sehen ist, kann eine Krankheit (speziell eine Infektion) nur dort greifen, wo das feinstoffliche Energiefeld und der körperliche Schutz gemeinsam versagen.

Der sechste, übersinnliche Sinn einer Katze ist also eine Einrichtung, der wir Menschen vertrauen können und sollen. Dieser Sinn ist es auch, über den die Kommunikation mit Ihrer Katze stattfinden wird, und diesen Sinn sollten Sie bei sich selbst schulen. Es genügen einfache, tägliche Übungen, die Ihre Wahrnehmung unterstützen. Sie öffnen sich dadurch für den sechsten Sinn, die *andere* Ebene Ihrer Katze.

Folgende Übungen und Gedanken werden Ihnen dabei helfen:

- Beginnen Sie, Regeln des Alltags zu hinterfragen, fragen Sie sich zum Beispiel, warum Sie Ihren Nachbarn grüßen, obwohl Sie ihn nicht mögen, oder ob Sie Spinat nur aus dem Grund nicht essen, weil er gesund ist.
- Schalten Sie nachts alle Lichter aus und spüren Sie mit geschlossenen Augen durch Ihre Wohnung. Wie bewußt sind Sie sich der Dinge, die dort stehen?
- Warum essen Sie, wenn Sie keinen Hunger haben?
- Versuchen Sie, mehr als 10 Minuten auf einem Bein zu stehen, ohne umzufallen und ohne das Atmen dabei zu vergessen.
- Gehen Sie an die Stellen in Ihrer Wohnung, die Ihre Katze liebt, und versuchen Sie, die Energien dort zu spüren.
- Stellen Sie einen Tag lang alle Ihre normalen Abläufe in Frage. Was ändert sich dadurch für Sie?

In jahrelangen Schulungen habe ich immer wieder mit Schrecken festgestellt, wie verschlossen die Sinne der meisten Menschen sind. Viele Menschen sind voller Angst und wissen nicht einmal, weshalb. Sie leben nicht das Leben, das sie sich erträumen, weil sie es von Geld und dem passenden Partner abhängig gemacht haben.

Es ist gar nicht so einfach, wie man denkt, einen Menschen davon zu überzeugen, etwas Altes, Schmerzvolles abzulegen und dafür etwas Großartiges zu bekommen, das ihn in Freiheit leben läßt. Darum bitte ich Sie, hören Sie nie damit auf, das bestehende System zu hinterfragen! Versuchen sie zu lernen und zu verstehen, wo immer Sie können. Seien Sie offen für neue Meinungen und Werte und binden Sie sich nicht an die Erfahrungswerte Ihrer Mutter oder der Nachbarn.

Ich habe Menschen kennengelernt, die siebzig Jahre alt und noch immer offen für Veränderungen waren. Manche von ihnen haben in meinem Beisein diese Erde verlassen, aber ich habe bei diesen Menschen nie alte Glaubensmuster oder ungelebte Träume gesehen. Ihre Seelen waren frei und haben sich in das Licht erhoben, um sich wieder mit Gott zu verbinden.

Werden Sie frei, so frei, wie es Ihre Katze ist. Werten Sie andere nicht, Ihr Tier kennt diese Eigenschaft nicht, denn Urteile sind nicht göttlichen Ursprungs. Spüren Sie Ihren Körper und das Leben darin, leben Sie bewußt, so, wie Ihre Katze es tut, wenn Sie den Weg zu ihr finden wollen.

Gehen Sie in Gedanken aus dem engen Gebäude, in dem Sie sich mit Ihrem Tier befinden, in den Garten der Freiheit, und spüren Sie das Licht und die Liebe, die vom Puls der Schöpfung durchdrungen ist, und geben Sie sich hin.

Die Freiheit liegt in Ihnen. Und sie wartet zusammen mit Ihrer Katze auf den Tag Ihres Ausbruchs.

4. Wer kann die Tierkommunikation erlernen?

Jeder, der seinem Tier offen und mit Liebe begegnet, kann die »Sprache des Herzens« erlernen. Ich habe in den zehn Jahren, in denen ich Menschen in Workshops und Schulungen dazu anleite, mit ihren Tieren zu kommunizieren, noch nie erlebt, daß jemand keinen Zugang zu seinem Tier bekommen hätte. Es gibt natürlich auch in diesem Feld mehr oder weniger begabte Menschen, doch der Mangel an Talent läßt sich sehr gut durch Übung wettmachen.

Ich habe begabte Kommunikatoren erlebt, die wenig geübt und nachgearbeitet haben. Durch die mangelnde Übung waren diese Kommunikatoren dann meinen anderen Schülern, die zwar nicht so talentiert, dafür aber sehr ambitioniert waren, weit unterlegen.

Man sollte sich darüber im Klaren sein, daß die Kommunikation mit Tieren eine Form der Medialität, also auch eine Art der Spiritualität darstellt. Wer die Tierkommunikation erlernen möchte, wird zwar nicht von morgens bis abends meditieren müssen, sollte sich aber mit esoterischen Themen auseinandersetzen.

Somit sind Menschen, die sich schon länger mit Meditation, Reiki, Chakren etc. beschäftigen, mit einem leichteren Start gesegnet. Sie bewegen sich bereits in einem gewohnten Umfeld und der dazugehörigen Denkweise.

Für Menschen, die sich nie oder selten mit Spiritualität beschäftigt haben, wird das Erlernen der Techniken und diese neue Art des Empfindens für ihre Katze eine Herausforderung darstellen.

Einige Fragen, die in diesem Zusammenhang häufig gestellt werden, möchte ich hier beantworten:

Wie lange dauert es, bis ich mit meiner Katze richtig sprechen kann?
Dies kann von einem Tag oder gar nur einer Stunde bis hin zu zwei Jahren dauern, je nach Begabung und Hingabe des zukünftigen Kommunikators.

Es gibt natürlich auch Naturtalente. Vielleicht haben Sie Glück und sind einer jener Menschen, die nur eine einzige Übung brauchen, um mit Tieren in Kontakt treten zu können.

Der Durchschnittsmensch ist nach etwa einem Jahr, in dem er ca. zehn Minuten am Tag übt, ein guter Gesprächspartner für Tiere.

Welche Voraussetzungen brauche ich?
Grundsätzlich kann jeder die Tierkommunikation erlernen, der bereit ist, sich emotional den Tieren zu öffnen. Die einzigen Voraussetzungen sind, daß Sie Tiere lieben und die Schöpfung respektieren.

Sie müssen nicht mit einem eigenen Tier zusammenleben, um das Sprechen mit Tieren zu lernen. Sie müssen kein Vegetarier sein, obwohl dies hilfreich ist, da Fleisch energetisch verschließt und belastet. Manche Tiere, speziell Wiederkäuer und sehr zarte Wesen wie Kaninchen, Huftiere, Delphine fühlen sich manchmal von der Todesschwingung, die in Fleisch enthalten ist, gestört.

Sie sollten sich Zeit nehmen, um die Tierkommunikation zu erlernen, und sich dabei nicht unter Druck setzen, da so meist nur eingebildete Gespräche entstehen, die zu nichts führen.

Was muß ich beachten?

Beachten Sie die goldenen Regeln der Tierkommunikation. Die wohl wichtigste Regel lautet, niemals die von Ihrer Katze (und jedem anderen Lebewesen) gezogenen Grenzen zu übertreten.

Viele Menschen tendieren dazu, ihre Wünsche oder Regeln, die das Tier im Alltag nicht respektieren oder befolgen möchte, diesem dann auf der Ebene der Tierkommunikation vermitteln zu wollen. Dies funktioniert natürlich nicht, da wir uns dort auf der Ebene des freien Willens bewegen. Dort seinen Willen aufzwingen zu wollen wäre übergriffig und respektlos.

Man könnte solche Übergriffe auch als telepathische Manipulation bezeichnen. Aus den vielen Anfragen in meiner Praxis weiß ich, daß es tatsächlich Menschen gibt, die ihr Tier auch auf dieser Ebene kontrollieren wollen.

Welche Hindernisse gibt es auf dem Weg zur Tierkommunikation?

Im Laufe meiner Arbeit habe ich die Erfahrung gemacht, daß Tierhalter sich häufig fragen, ob sie überhaupt mit Tieren reden dürfen. Diese Ängste und Zweifel sind die größten Hürden auf dem Weg zu einer klaren Kommunikation mit unseren Tieren.

Vielleicht hat man Ihnen als Kind gesagt, daß Tiere keine Seele haben, oder daß Menschen, die mit Tieren sprechen, verrückt sind. Möglicherweise gab es in Ihrer Kindheit eine alte Nachbarin, die mit ihrem Tier gesprochen hat und Sie haben als Kind nur ihre Einsamkeit gesehen und diese mit der Tierkommunikation in Verbindung gebracht.

In meiner Praxis gibt es viele Frauen, die sich auf der Suche nach ihrer Spiritualität gegen ihre Ehepartner durchsetzen wollen. Besonders schwierig wird es, wenn in einer Beziehung ein Partner sich plötzlich von den »normalen« Verhaltensregeln weg entwickelt und spirituelle Seiten an sich entdeckt. Kurse und Seminare, die der Entwicklung des spirituellen Lebens dienen, werden dann meist heimlich besucht und man wird zu Hause sehr genau darauf achten müssen, wie man mit seinem Partner redet. Nach meiner Erfahrung sind es fast neunzig Prozent Frauen, die diesen Weg gehen wollen.

Für mich selbst war der Start in die Tierkommunikation sehr schwierig. In der oberflächlichen Welt eines Models sind Gedanken dieser Art nicht willkommen. Meine ehemaligen Lebenspartner bezeichneten mich als Sektiererin und versuchten mich in vielen Streitereien vom Besuch von Reiki und Meditationskursen abzuhalten.

Es ist nicht einfach, sich der Welt der Tiere zu öffnen und gleichzeitig in seinem gewohnten Kreis akzeptiert zu werden. Aber es funktioniert. Die Menschen, die Sie lieben und als empfindsame Menschen akzeptieren können, daß Tiere eine Seele haben, werden sich mit Ihnen entwickeln und nicht gegen Sie. Sie werden den tiefen Frieden und die Liebe in sich spüren, die dieser Weg mit sich bringt.

Tiere und insbesondere Katzen bringen uns dazu, über uns selbst nachzudenken. Das Erlernen dieser Kommunikationsform wird Sie verändern. Ihre Katze wird Ihnen eine ungeahnte Freiheit und Unabhängigkeit zeigen. Sie begeben sich auf eine Reise zu sich, in der alte Vorurteile, Ängste und Glaubenssätze Heilung und Transformation erfahren.

Was erwartet mich?

Machen Sie sich frei von Erwartungen und offen für alles,

was geschehen mag. Dies ist die einzig richtige Haltung, um die Sprache der Katzen zu erlernen. Eine entspannte Körperhaltung und eine klare Gedankenwelt sind dafür die optimalen Voraussetzungen.

5. Vorbereitung auf den 10-Wochen-Kurs

Lernen Sie Ihre Kräfte zu entwickeln und zu nutzen

Um mit Tieren kommunizieren zu können, ist es wichtig, sich von gedanklichem Ballast zu befreien und bewußt zu leben.

Die Übungen in diesem Kapitel, die Sie leicht in Ihr Leben integrieren können, werden Ihnen dabei helfen, die Bewußtheit zu entwickeln und die innere Ruhe zu finden, die für die Katzenkommunikation erforderlich sind.

Der Kopf von Kater Mäxchen taucht von nun an immer dann auf, wenn aktive und besonders wertvolle Übungen beschrieben werden, die die Kommunikation zwischen Katze und Mensch verbessern sollen.

Meditation

Meditieren Sie am besten morgens und abends je zehn Minuten lang. Hierzu können Sie auch die Meditations-CD *Tierkommunikation* (siehe Bezugsquellen im Anhang) zu Hilfe nehmen.

Streßvermeidung

Versuchen Sie vor jeder Meditation und auch bei der Arbeit mit Tieren, Ihren Alltagsstreß völlig beiseite zu schieben. Katzen reagieren darauf sehr empfindlich. Sie kennen wahrscheinlich die Situation, in der ein schlecht gelaunter und gestreßter Familienvater den Streß an seinen Kindern ausläßt und diese ihn wiederum in Form von Aggression weitergeben. Genau das Gleiche kann Ihnen mit Ihrer Katze passieren. Versuchen Sie daher, vor der Kontaktaufnahme loszulassen.

»Ein gesunder Geist sei in einem gesunden Körper«
Indem Sie mit Ihrer Katze kommunizieren, transportieren Sie Schwingung und Energie. Sie kennen wahrscheinlich das Zitat »Ein gesunder Geist sei in einem gesunden Körper«. Auf die Tierkommunikation angewendet, bedeutet das, daß die starke Schwingung, die zur Erstellung eines Kommunikationskanals zu Ihrer Katze nötig ist, in einem gesunden und ausgeglichenen Körper einfacher zustande kommen kann als in einem schlecht ernährten, ungesunden, gestreßten und überfüllten.

Der Energiefluß ist sehr stark abhängig von Anspannung und Entspannung, denn Anspannung bedeutet, diesen Fluß zum Stagnieren zu bringen. Entspannung bedeutet demzufolge, den Zugang zur Energie zu öffnen und ihren ungehinderten Fluß zu ermöglichen.

Beherzigen Sie diese Grundsätze in Ihrem Alltag und verschaffen Sie sich dadurch einen besseren Zugang zu Ihrer Katze.

Die Ebenen der Tierkommunikation
Die Tierkommunikation, wie sie von einem Tierkommunikator oder Tiermedium ausgeführt wird, erfolgt auf drei Ebenen:

- Die telepathische Kommunikation
- Das Empfangen von Bildern
- Das Fühlen des Körpers

Um Ihre kommunikativen Fähigkeiten zu erweitern, ist es sinnvoll, mit der Sinneswahrnehmung zu beginnen, die Sie am häufigsten gebrauchen und auf die Sie sich am meisten verlassen: das Sehen. Ich werde mit Ihnen den Weg vom normalen Sehen in das andere Sehen, das innere Sehen (oder das Sehen mit dem dritten Auge), gehen.

Paradoxerweise sollten Sie die Augen dafür anfänglich geschlossen halten, um zu lernen, Ihre Aufmerksamkeit mehr nach innen zu richten und für Eindrücke und Bilder auf einer anderen Ebene empfänglich zu werden.

Machen Sie sich bitte bewußt, daß das Sehen, wie wir es kennen, in erster Linie dazu dient, Gefahren besser einschätzen und Erfahrungen schneller einordnen zu können. Dies ist ein ständiger, unbewußter Vorgang und die meisten Menschen in meinen Kursen sind sich der Tatsache nicht bewußt, daß sie Informationen nicht nur erfassen, sondern sie gleichzeitig auch bewerten.

Einschätzen, Taxieren und Kategorisieren sind immer Schutzmechanismen, denen eine unbewußte Abwehrhaltung und Angst zu Grunde liegen. Den gewohnten Einschätzungen zu folgen und Menschen oder Ereignisse der Einfachheit halber in gute und schlechte Schubladen zu stecken, kann bei der Tierkommunikation sehr hinderlich sein. Wenn Sie diese Denkstrukturen in sich haben, folgen Sie dem Muster der Ablehnung, und einem Tier ist es nahezu unmöglich, die von Ihnen gefaßte Meinung zu beeinflussen.

Sie müssen, um mit Ihrer Katze kommunizieren zu können, wertfrei werden und Ihre möglichen Vorurteile und Einschätzungen beiseite stellen. Denken Sie darüber nach, wie Sie andere Menschen beurteilen. In meinen Ausbildungen lege ich sehr hohen Wert darauf, die zukünftigen Tierkommunikatoren und -heiler von ihren Vorurteilen und der entsprechenden Resonanz zu befreien. Dies stellt eine der schwierigsten Aufgaben der Ausbildung dar.

Ich beurteile Menschen und deren Tiere nicht, weder nach äußerlichen Faktoren noch nach der Art und Weise, wie jemand sich ausdrückt. Versuchen Sie mit wirklich offenen Augen zu sehen. Die Tiere werden es Ihnen danken. Bei einem Fotoreading (die Kontaktaufnahme zu einem Tier via Foto) ist es egal, ob ein Tier traurig aussieht, welches Sofa im Hintergrund zu sehen ist, oder ob das Bild über- oder unterbelichtet ist. Trotzdem bezieht so gut wie jeder meiner Schüler diese Punkte in das Fotoreading mit ein und kann sich von diesen Zusatzeindrücken nur schwer lösen.

Gewöhnen Sie sich bitte auch ab, ein Tier als »arm« anzusehen, wenn es nur drei Beine oder ein Auge zur Verfügung hat. Es ist unser menschlich-optisches Empfinden, aber genau wie ein behindertes Kind nur dann weiß, daß es behindert ist, wenn andere es ihn spüren lassen, haben auch Tiere keinen Bezug zu optischer Unvollkommenheit. Erst wenn wir sie immer wieder auf ihre Behinderung hinweisen, wird sie für sie zum Problem.

Das Fotoreading

Bei einem Fotoreading handelt es sich um eine Methode, bei der man nicht mit dem Tier direkt, sondern über ein Foto Kontakt zu ihm aufnimmt. Ob dieses Foto alt oder neu ist, ob das Tier direkt in die Kamera blickt oder nur sein Hinterteil zeigt, ist für einen Profi nicht ausschlaggebend. Es ist am einfachsten, zu dem Tier Kontakt aufzunehmen, wenn es sich ohne

Menschen auf dem Foto befindet. Der Mensch auf dem Foto beeinflußt mit seiner Aura die des Tieres. Dadurch wird ein Reading ungenau.

Diese für manche Menschen unwahrscheinlich klingende Möglichkeit der Kontaktaufnahme ist aus energetischer Sicht leicht zu erklären: Ich habe in diesem Buch bereits das »kollektive Unterbewußtsein« erwähnt. Darunter versteht man eine Art Gesamtwissensspeicher der Menschheit. Mit »Channeln« bezeichnet man den Zugang zu diesem kollektiven Wissen der Erde und die Verarbeitung von dort enthaltenen Informationen wie z.B. Bildern, Emotionen und geistigen Informationen. Darüber hinaus werden durch das »Channeln« feinstoffliche Informationen von Engeln, Lichtwesen und aufgestiegenen Meistern kanalisiert (gechannelt).

Das Empfangen von Informationen aus dem kollektiven Unterbewußtsein kann man auch als Hellsehen und Hellhoren bezeichnen. Channeln aber bedeutet, feinstoffliche Wesen wie Engel, Meister und geistige Führer in einer Schwingungsform zu empfangen und in unsere Sprache zu übersetzen. Es ist durchaus möglich, auch negative Wesen zu channeln, und deshalb ist hier immer Vorsicht geboten. Nur wenige spirituelle Medien sind wirklich rein und klar, deswegen erhalten viele Ratsuchende diffuse und unreine Informationen.

An dieser Stelle möchte ich Ihnen ein kleines Geheimnis verraten. Wenn der zu einem Tier gehörige Halter transparent ist, das heißt, wenn er wirklich möchte, daß seinem Tier geholfen wird, dann brauche ich auch kein Foto von dem Tier.

Die nun folgenden Basisübungen zum Sehen innerer Bilder helfen Ihnen später, daraus das Fühlen des Tierkörpers zu entwickeln. Diese Fähigkeiten werden mit der telepathischen Kommunikation verbunden. Die Vorteile dieser Vorgehensweise sind, daß Sie sich nach und nach Ihrer Fähigkeiten bewußt werden und diese erlernten Werkzeuge (wie das Sehen der Aura) gezielt einsetzen können.

Zur Fähigkeit des erweiterten Sehens (Hellsehen/Aurasehen) gehört das Versenden von inneren Bildern (so genannten mentalen Postkarten) in einer Stärke, die es ermöglicht, daß sie von einem Tier konkret als Information oder Frage aufgenommen werden können. Dies erfordert natürlich einige Übung, beginnen wir daher mit einer vorbereitenden Atemtechnik.

Die Prana-Atmung:

Sie sollten diese Übung täglich mindestens einmal durchführen. Um optimale Ergebnisse zu erzielen, sollten Sie diese vor jeder Tierkommunikationssitzung und -heilung praktizieren. Sie dient zur Erdung und Zentrierung unseres Bewußtseins und hilft dabei, sich in einen ruhigen und konzentrierten Zustand zu bringen.

Setzen Sie sich bequem auf einen Stuhl und schließen Sie die Augen.

- Atmen Sie nun im Kronenchakra Licht/Prana ein, im Wurzelchakra aus. Wiederholen Sie dies mindestens fünfzehn Mal.
- Atmen Sie nun im Wurzelchakra Licht/Prana ein, und im Kronenchakra aus. Wiederholen Sie auch dies mindestens fünfzehn Mal.

- Atmen Sie nun immer abwechselnd im Kronenchakra Prana ein und im Wurzelchakra aus, und im Wurzelchakra ein und im Kronenchakra aus. Wiederholen Sie dies mindestens zwanzig Mal.
- Atmen Sie nun gleichzeitig im Kronen- und im Wurzelchakra ein und lassen Sie das Licht im Herzchakra zusammenfließen. Lassen Sie zu, daß es sich dort einen Augenblick sammelt, und atmen Sie das Licht dann am vorderen und am hinteren Herzchakra aus.
- Stellen Sie sich vor, daß Sie mit dem ausgeatmeten Licht Ihre Aura dehnen. Wiederholen Sie diese Übung mindestens zehn Mal.

Machen Sie die folgenden Übungen zuerst mit Pflanzen, da sie weniger komplexe Energiefelder haben als Tiere.

Setzen Sie sich vor eine Pflanze, am besten ein grünes Blattgewächs, und schließen Sie die Augen. Nach Möglichkeit sollte der Raum, in dem Sie sich befinden, abgedunkelt sein. Sie wissen nun, wo Ihre Pflanze steht, und richten Ihre innere Aufmerksamkeit auf sie. Lenken Sie Ihren inneren Blick auf den Rand eines Blattes und stellen Sie sich vor, knapp an diesem Rand vorbeizusehen, streifen Sie ihn mit Ihrem Blick.

Welche Farbe glauben Sie dort zu spüren? Ganz recht, Sie haben richtig verstanden. Fragen Sie Ihren Bauch was er fühlt. Nehmen Sie die erste Farbe, die Sie spüren, an und erlauben Sie sich, Ihrer Wahrnehmung zu vertrauen. Versuchen Sie dieselbe Übung dann mit offenen Augen in der Natur mit den Blättern eines Baumes. Je entspannter Sie sind, desto mehr werden Sie sehen können.

Die Aura Ihres Tieres (Wochenübung)
Nehmen Sie sich eine Woche lang jeden Morgen zehn Minuten für diese Übung Zeit.

Entspannen Sie sich und setzen Sie sich in Sichtweite Ihrer Katze, sie kann auch vor Ihnen liegen. Schließen Sie die Augen und sammeln Sie sich einen Augenblick in Ihrer Mitte, atmen Sie in den Bauch. Versuchen Sie dann zu spüren, welches Chakra Ihrer Katze am stärksten wahrnehmbar ist.

Spüren Sie, welche Farbe Sie um das Tier herum wahrnehmen können, und erlauben Sie sich dann ganz bewußt, diese Farbe auch zu sehen. Diese Übung hilft Ihnen, Veränderungen in der Aura Ihrer Katze zu erkennen. Sie können sie auch mit einem Menschen durchführen, auf dessen Energiefelder Sie sich konzentrieren.

Im Kapitel »Kranke Katze, kranker Mensch« finden Sie Informationen zur Bedeutung von Farben in der Aura.

Sehen und Fühlen der Aura
Schließen Sie Ihre Augen. Rufen Sie Ihr Tier vor Ihr geistiges Auge und stellen Sie sich vor, welche Farben das Tier umgeben könnten. Nehmen Sie sich die Zeit, um sich in die Farben richtig hineinzuspüren. Erfühlen Sie die Qualitäten der jeweiligen Farbe und Konsistenz, Dichte und Struktur der einzelnen Farbfelder. Spüren Sie nach, wie diese interagieren und zusammenwirken. Versuchen Sie, Gemeinsamkeiten zu finden und auch eine gemeinsame Aussage über alle Farbfelder zu treffen.

Bei dieser Übung lernen Sie, die Tagesaura zu deuten.

Das Hineinfühlen in den Katzenkörper

In der Tierkommunikation baue ich das Fühlen/Spüren auf das Sehen auf. Die Erweiterung des normalen Spürens erlaubt dem Menschen, in das *Hellfühlen* oder *Feinfühlen* vorzudringen. Diese Form der Wahrnehmung ermöglicht uns feinstoffliche Energien zu erfassen und uns in ein Wesen hineinzufühlen. Dieses Hineinfühlen findet in der Arbeit mit Tieren nur nach deren geistiger Erlaubnis statt, da wir sonst die Intimsphäre eines Wesens verletzen würden.

Bei dem Erfühlen der Aura und des Körpers eines Tieres durchbrechen Sie gewissermaßen die Schutzschicht dieses Individuums. Bitten Sie eine Katze deswegen um ihre Erlaubnis, bevor Sie in ihren Körper hineinfühlen. Auch wenn es sich um Ihr eigenes geliebtes Tier handelt, ist sein Einverständnis nicht automatisch gegeben. Die Katze könnte zum Beispiel ablehnen, weil Sie gestreßt sind oder negative Energien in sich tragen und das Tier damit nicht in Berührung kommen will.

Es ist mir besonders wichtig, allen Anfängern deutlich davon abzuraten, diese Übung mit Menschen durchzuführen. Es könnten Energieteile verhaftet bleiben und Sie oder der andere Mensch könnte sich dadurch schlecht fühlen.

Bei Tieren kann sich zwar nichts von dem Tier auf den Menschen, wohl aber umgekehrt übertragen. Achten Sie hier von Anfang an auf Ihr Gefühl – und darauf, ob ein Tier dieses Fühlen auch zulassen möchte. Wenn ich Menschen »abscanne«, merken die Feinfühligen unter ihnen dieses ganz deutlich und jemand, der ein schwaches Energiefeld hat, kann sich sogar bedrängt fühlen und Herzrasen bekommen.

Sie sollten die folgenden Übungen zu Beginn nicht mit Welpen oder kleinen Tieren wie Hamstern, Meerschweinchen oder Vögeln durchführen. Arbeiten Sie bitte nur mit erwachsenen Tieren und nur im Notfall mit erkrankten Wesen. Je mehr Erfahrung Sie sammeln, desto besser können Sie auch auf kleine und sehr sensible Tiere eingehen.

Das Fühlen der Aura der eigenen Katze kann später zu einem Bodyscan erweitert werden, was bedeutet, daß Sie sowohl den feinstofflichen Körper Ihrer Katze als auch gezielt einzelne Organe energetisch abtasten und diese auf ihre Gesundheit hin überprüfen können.

Wenn es Ihnen möglich ist, positive Zustände und Energien in und um ein Wesen zu sehen, können Sie sich natürlich auch auf die fehlerhaften Zustände konzentrieren und diese erkennen. Wie bereits erwähnt, ist es im gesamten energetischen Arbeiten wichtig, worauf man seine Konzentration richtet. Die Energie folgt immer der Absicht.

Einem geübten Tiermedium kann es passieren, daß es beim »Abscannen« eines Tieres eine Fehlfunktion eines Organs erfühlt, ohne eine Entsprechung in der Aura zu sehen. Ich hatte vor einiger Zeit eine Fotoreading-Sitzung mit einem älteren Kater.

In diesem Gespräch war es der Wunsch der Halterin zu erfahren, ob sich das Tier einen Partner wünsche oder lieber seinen Raum für sich alleine hätte. Ich spürte während des ganzen Kontaktes das Herz des Katers, konnte aber keine Auffälligkeiten im Energiefeld (der Aura) des Katers sehen. Normalerweise sollte das Herzchakra bei einem Herzfehler oder einer Blockade ein ungeordnetes Bild ergeben. Dieses tat es nicht, ich fragte den Kater also nach seinem Herzgefühl. Er antwortete nicht, sondern umging die Frage, indem er sich auf der feinstofflichen Ebene nicht mehr fühlen ließ und seine Schwingung zurückzog.

Da ich jahrelange Erfahrung im Fühlen des feinstofflichen Bereiches habe und die Schwingung eines Herzfehlers recht deutlich erkenne, war ich der festen Meinung, daß etwas nicht in Ordnung war, und so bat ich die Halterin, einen Tierarzt aufzusuchen. Sie machte den Fehler, gegenüber dem spirituell nicht aufgeschlossenen Tierarzt von meiner Vermutung zu erzählen, die dieser nur milde belächelte. Er konnte beim Abhören des zierlichen Katers nichts erkennen und nur aufgrund des Drängens der Halterin führte er weitere Untersuchungen durch. Es stellte sich eine Entzündung in einer der Herzklappen heraus, die sofort behandelt werden mußte.

Nach einiger Zeit hatte ich noch einen Kontrolltermin mit dem schweigsamen Kater und auf meine Frage, wieso er sein Leiden nicht mitgeteilt hatte, erklärte er mir, er wollte keine Umstände verursachen und nicht soviel Aufmerksamkeit auf sich ziehen.

Die Kommunikation mit verstorbenen Tieren

Diese Art der Kommunikation findet über ein Foto des Tieres statt, aber anstelle eines telepathischen Gesprächs, das den Kern der Tierkommunikation bildet und von Sehen und Fühlen nur ergänzt wird, kann ich hier nur über mein Sehen und Fühlen arbeiten. Ich nutze keine aktuellen Schwingungen des Tieres, sondern verfolge die Spuren, die das Tier in das kollektive Bewußtsein eingeprägt hat, und versuche zu den Frequenzen der Seele, die sich noch nicht aufgelöst haben, eine Verbindung herzustellen.

Jedes Lebewesen prägt zu seinen Lebzeiten sein morphogenetisches Feld (siehe Glossar) in das kollektive Gesamtbewußtsein der Erde ein und macht sich so unsterblich. Wie stark die jeweiligen Frequenzen eines Tieres sind, hängt von dem Licht seines Wesens, seiner Seele und dem Kontakt, den es zu andern Wesen hatte, ab.

Stirbt ein Mensch oder Tier, so werden seine Frequenzen von den Menschen oder Tieren immer wieder verstärkt, indem sie sich liebend und respektvoll an das verstorbene Wesen erinnern. Jesus zum Beispiel bildete eine sehr starke Feldenergie, und somit haben sehr viele Menschen Zugang zu der Präsenz dieses Meisters.

Wenn das verstorbene Wesen im Reinen mit sich und seiner Lebensaufgabe die Erde verlassen hat, ist seine Seele gelöst und seine Frequenzen werden sich aus dem Energiefeld der Erde nach und nach vollständig auflösen. Es ist dann sehr schwierig, die Seelenfarbe der Aura zu sehen oder einen ehemaligen organischen Zustand zu erkennen.

Gibt es für ein Tier oder einen Menschen noch etwas zu lösen, dann bleiben stärkere Seelenanteile mit dem in das morphogenetische Feld eingeprägte Feld verbunden und ich bekomme einen Kontakt zu dem Wesen selbst. Mit dieser Kontaktaufnahme kann ich Mensch und Tier helfen, sich auszusprechen oder eventuelle Wünsche zu übermitteln, so daß das Tier sich dann komplett lösen kann.

Diese Aufträge sind häufig Bestandteil meiner Arbeit, da viele Tiere in Notsituationen oder durch Unfälle ihren Körper verlassen und es einfach noch etwas mitzuteilen gibt.

Viele Menschen wollen wissen, warum ihr Tier sterben mußte, und hier kann diese Kontaktaufnahme helfen. Sie sollte allerdings nur von einem guten Tiermedium ausgeführt werden, da man über die Kontaktaufnahme zu einem verstorbenen Wesen etliche andere Wesen als unerwünschte Anhängsel aufgreifen kann.

Natürlich können Sie auf dieser Ebene auch mit verstorbenen Menschen Kontakt aufnehmen, ich würde allerdings zum Wohl Ihres irdischen Friedens die Finger davon lassen.

Die folgenden Übungen helfen dabei, das Erspüren der Energiefelder zu erlernen:

Besorgen Sie sich von Freunden mehrere Fotos von Tieren, die Sie nicht kennen. Legen Sie die Fotos mit dem Rücken nach oben vor sich und versuchen Sie, die Tierart zu erspüren.

Nehmen Sie nun eines der Bilder und stellen Sie sich vor, das Tier würde vor Ihnen stehen. Tun Sie nun so, als würden Sie die Aura des Tieres abtasten. An welchen Körperstellen des Tieres fühlen Sie Wärme oder Kälte?

Nehmen Sie einen Stift zur Hand und lassen Sie Ihren Blick entspannt über das Foto schweifen. Schreiben Sie alles auf, was Ihnen auffällt. Versuchen Sie, aus Ihren Beobachtungen eine Aussage zu bilden.

Überlegen Sie, in welchem Raum Ihrer Wohnung Sie sich am liebsten aufhalten und begeben Sie sich dorthin. Setzen Sie sich auf den für Sie ansprechenden Platz und schließen Sie die Augen. Was spüren Sie?

Machen Sie dieselbe Übung mit dem Zimmer, das Sie am wenigsten mögen. Was spüren Sie dort?

Setzen Sie sich an einen Tisch und meditieren Sie für einen kurzen Moment. Stellen Sie sich dann vor, Sie würden beginnend mit Ihrem Gehirn alle Organe Ihrem

Körper entnehmen, auf den Tisch legen und einzeln mit Ihren Händen erfühlen.

Auch wenn diese Übung Ihnen seltsam erscheinen mag, versuchen Sie z. B. Ihr Gehirn nicht als kalte graue Masse wahrzunehmen, sondern in das Organ hineinzufühlen und zu erkennen, wo sich helle und dunkle Stellen befinden, und wo sich das Organ kalt (energetisch unterversorgt) und warm (energetisch gut versorgt) anfühlt.

Wenn Sie grau oder schwarz erkennen, senden Sie Licht in die Organe und bedanken Sie sich ruhig einmal für den guten Job, den das Organ leistet. Wie sollen Sie das Herz einer Katze gut erfühlen können, wenn Ihnen Ihr eigenes als roter, zuckender und wenig liebsamer Muskel erscheint?

Beginnen Sie also damit, sich in Ihren eigenen Körper einzufühlen und die Organe und Systeme zu erspüren. Sie können dies mit Ihrer Vorstellung oder mit Ihren Händen tun. Für den Anfang und um schneller eigene Blockaden zu erkennen, empfehle ich Ihnen das Fühlen mit den Händen. Am Ende der Übung geben Sie alle Organe geheilt in den Körper zurück und senden sich selbst Licht. Stellen Sie sich vor, in einem dunkelblauen Schutzmantel zu stehen.

Machen Sie diese Übung nun mit Ihrer Katze.

Hierbei beachten Sie bitte zwei Punkte:

1. Rufen Sie Ihr Tier zuerst auf geistiger Ebene und stellen Sie es sich dabei vor. Erklären Sie ihm mit Ihren Gedanken so gut es Ihnen möglich ist, daß Sie seine Organe erspüren möchten, um es besser kennenzulernen und ihm gegebenenfalls zu helfen. Warten Sie auf ein Zeichen, das Ihnen sein Einverständnis signalisiert.

Sollte das Tier vor Ihrem geistigen Auge verschwinden, unterbrechen Sie diese Übung und fragen Ihr Tier erneut an einem anderen Tag um sein Einverständnis.

2. Gehen Sie vorher in die Prana-Atmung und reinigen Sie sich, denn Sie durchqueren bei dieser Übung den Schutzschild des Tieres und wollen keine Energien übertragen. Arbeiten Sie ruhig und bedacht und vergessen Sie das meditative Atmen nicht.

Stellen Sie sich vor, Sie würden beginnend mit dem Gehirn alle Organe dem Körper Ihrer Katze entnehmen, auf den Tisch legen und einzeln mit Ihren Händen erfühlen. Versuchen Sie hierbei, Farben und Beschaffenheit zu erspüren, und geben Sie am Ende alle Organe in den Körper zurück. Stellen Sie sich goldenes, in den Körper fließendes Licht vor. Visualisieren Sie einen dunkelblauen Schutzmantel, der das Tier umgibt. Sie können Ihre Katze auch segnen.

Nachdem Sie diese beiden Formen der Kommunikation und der Heilarbeit geübt haben, kommen wir nun zur Königskür, der telepathischen Kommunikation. Hier stellen sich bereits zu Beginn zwei Fragen, die gleichzeitig auch Probleme sind:

- Wie erkenne ich, ob es wirklich das Tier ist, das zu mir spricht, und nicht andere Wesen?
- Wie kann ich wissen, ob das Gesagte den wahren Gedanken des Tieres und nicht meinen eigenen Wünschen und Vorstellungen entspricht?

Um ehrlich zu sein, es gibt keine rote Lampe, die aufleuchtet, wenn Sie auf dem Holzweg sind. Aber genau deswegen empfehle ich, die Tierkommunikation ausgiebig mit der eigenen Katze oder befreundeten Tieren zu üben.

In dem Moment, in dem Sie mit fremden Tieren Kontakt aufnehmen und Gespräche führen übernehmen sie größere Verantwortung. Sie sprechen für das Tier mit dem Menschen und gehen für das Tier eine Form der Verantwortung ein. Das Tier und der Mensch vertrauen Ihnen und dies setzt voraus, daß Sie Ihr Fach beherrschen und sicher in Ihren Aussagen sind. Dies ist meiner Meinung nach nur durch eine fundierte Ausbildung möglich.

Leider gibt es auch Menschen, die sich, ohne fundierte Ausbildung, in maßloser Selbstüberschätzung »Tierkommunikatoren« nennen und nicht nur den Tierhaltern, sondern auch der Öffentlichkeit ein verfälschtes Bild der Tierkommunikation vermitteln. Würden Sie sich vor Gericht gerne von einem Anwalt vertreten lassen, der sein Staatsexamen nicht abgelegt hat, oder Ihr Haus von jemandem bauen lassen, der von Statik keine Ahnung hat? Sicherlich nicht. Deswegen ist es wichtig, sich nach Erfahrung und Werdegang eines Tierkommunikators genau zu erkundigen.

Tierhalter fragen ein Tiermedium am häufigsten nach der Gesundheit ihres Tieres, möglichen Operationen und der Notwendigkeit des Einschläferns. Wer möchte da nicht auf der sicheren Seite sein?

Ich bin immer wieder sehr stolz darauf, zu erfahren, daß die Absolventen meiner Schule durchwegs, exzellent in allen Bereichen der Tierkommunikation ausgebildet sind und präzise alle Fragen an die Tiere beantworten können. Der Unterricht fordert manchmal viel Engagement und Kraft, da die Studenten Sicherheit im telepathischen Kontakt erlangen sollen.

Gerade bei den ersten Versuchen der Tierkommunikation werden Sie wenig aussagefähige Referenzerlebnisse haben und nicht wissen, ob Sie sich auf Ihre Gespräche verlassen können. Das braucht Zeit. Der beste Weg, um Sicherheit und Selbstvertrauen zu erlangen. ist das Üben. Lassen Sie sich von allen Quellen, die Ihnen zur Verfügung stehen, Tierfotos mit Fragen senden. Erklären Sie den Tierhaltern, daß Sie üben möchten und eventuell noch nicht alles korrekt ist, was Sie empfangen. Vergleichen Sie Ihre Aussagen mit denen des Halters und wachsen Sie an Ihren positiven Erlebnissen. Der Erfolg wird Sie weitertragen. Es ist zu Beginn besonders wichtig, mit Fragen zu arbeiten, die man überprüfen kann. Beispiele hierfür sind Fragen nach der Farbe des Napfes oder nach dem Schlafplatz des Tieres. Sparen Sie sich Alter und Namen des Tieres für später auf, denn hierbei ergeben sich folgende Probleme:

Die Frage nach dem Alter der Katze

Stunden, Minuten, Tage und Jahre sind menschliche Einheiten. Sie können eine Katze durchaus nach ihrem Alter fragen, werden aber die Antwort aus der Schwingung zusammensetzen müssen. Dies bedeutet, daß Sie Ihr menschliches Gefühl für bestimmte Zeiträume auf die Schwingung des Tieres legen und so im Vergleich auf eine bestimmte Anzahl von Jahren kommen.

Dieser Vorgang ist kein bewußter, Sie werden einfach nur ein Gefühl für ein Alter bekommen, das plus oder minus einem Jahr durchaus noch im Toleranzbereich liegt. Tiere empfinden Zeit nach dem Rhythmus der Natur und der Tag-und-Nacht-Einteilung. Natürlich spielt der Tagesablauf, den Sie Ihrem Tier vorleben, auch eine wichtige Rolle. Ihre Katze richtet ihr Leben nach Ihrem Leben aus, Sie sind sozusagen der Kalender Ihres Tieres. Verändern Sie Ihren Tagesablauf oder ziehen Sie mit Ihrer Katze in eine andere Zeitzone, so verändert dies den inneren Kalender der Katzen.

Auch wenn Sie in den Urlaub fahren und Ihre Katze Sie nicht begleiten kann, ist es möglich, die Zahl der Tage in einer Anzahl von inneren Bildern zu senden. Sie könnten dann beispielsweise für fünfzehn Tage fünfzehn Futternäpfe und das Schließen und Öffnen der Vorhänge oder den Sonnenaufgang als innere Postkarte senden. Wenn Sie Ihrer Katze dagegen nur sagen, daß Sie in fünfzehn Tagen zurück sind, kann sie mit dieser Aussage wahrscheinlich wenig anfangen.

Für Ihre Katze gibt es auch keinen Bezug zu einem Begriff wie einem langen oder kurzen Leben. Sie hat keine Wertung dafür, ob ihr Leben fünf oder fünfundzwanzig Jahre gedauert hat, denn ein Tier sammelt nur Erfahrungen, zählt jedoch nicht die Jahre. So fühlen sich Tiere nicht ungerecht von ihrem Gott behandelt, wenn ihr Leben nicht bis ins hohe Alter geht. Tiere haben keine Angst vor dem Tod und dem Leben danach.

Demzufolge sollten wir Menschen unsere Angst, in einem nicht ewig andauernden irdischen Leben zu kurz zu kommen, nicht in die Gedanken der Tiere projizieren. Es gibt sogar Tiere, die nach Abschluß ihrer Lebensaufgabe ihre irdische Hülle gern verlassen.

Der wahre Name einer Katze

Es gibt in der Tierkommunikation viele Fragen, die sich auf den Namen des Tieres beziehen.

Diese sind unter anderem:

- Wie kann ein Tierkommunikator auf geistiger Ebene

Kontakt mit dem richtigen Tier aufnehmen, da es viele Tiere mit demselben Namen gibt?
- Wie kann ich den wahren Namen meiner Katze herausfinden?
- Was bedeutet einem Tier sein Name?
- Kennen Tiere ihre Namen wirklich oder sind sie nur darauf konditioniert?

Indianer und Naturvölker haben ihren Tieren und Kindern Namen gegeben, denen diese entsprechen. Sie haben meditiert, um einen Namen für ein Pferd zu erfahren – oder haben es der Einfachheit halber selbst gefragt. So entstanden wundervolle Namen wie »kleiner Bär, den die Sonne küßt« für einen Hund oder »Wildes Herz« für ein Pferd.

Natürlich sind diese Namen hier übersetzt. Sie entsprechen aber dem Ausdruck der Seele des Tieres und helfen ihm so, seinen optimalen Lebensausdruck zu entfalten. In der Welt der Katzen kenne ich dutzende Tiger, Tammys oder Bennys und frage mich immer, ob nicht gerade ein so eigenwilliges Wesen wie eine Katze etwas Persönlicheres verdient hat.

Wenn Sie Ihre Katze nach ihrem wahren Namen fragen, bekommen Sie meist klare Antworten. Die Trefferquote hängt sehr stark von Ihrer seelischen Grundsituation ab, später in diesem Kapitel werde ich Ihnen beschreiben, wie Sie sich durch eine Meditation auf diese Befragung vorbereiten können.

Ich kenne eine Katze, die als Baby wegen temporärer »Stubenunreinheit« den Namen Pissy bekam.

Nachvollziehbarerweise war das Tier später als erwachsene Katze nicht fähig, dem Programm dieses Namens zu entfliehen.

In meinen Readings frage ich die Tiere meist nach ihrem Seelennamen und bekomme diesen dann mitgeteilt, wenn es für den Menschen an der Zeit ist, diesen zu erfahren. Wir Menschen haben neben dem irdischen Namen noch einen Seelennamen, den wir allerdings erst erfahren, wenn wir eine gewisse spirituelle Öffnung und Entwicklung gemacht haben. Der Seelenname verbindet, direkt mit dem Seelenpotential und erhöht die Schwingung eines Lichtwesens (in diesem Fall des Menschen).

All meine Tiere haben ihre Seelennamen, und bei manchen wie einem Meerschwein namens »Little White Buffalo« (LWB) hat es ein halbes Jahr gedauert, bis sich das Tier seines Namens bewußt wurde.

Meine inzwischen verstorbene Patenkatze (sie kam aus Luxor/Ägypten) hat mir ihren Namen Nerfertari stolz präsentiert, und ich habe erst Jahre später erfahren, daß es sich hierbei um den Namen einer altägyptischen Prinzessin handelte.

Viele Tiere, besonders so feine Wesen wie Katzen, verbinden ihre Rufnamen nicht wirklich mit sich selbst. Sie haben gelernt, daß sie damit gemeint sind, und reagieren darauf. Wenn sie danach gefragt werden, haben sie keine Ahnung, daß dies ihr Name sein soll.

Sexy, eine fünf Jahre alte Labradorhündin, teilte sich mir mit:
»Anfänglich ist mir aufgefallen, daß die Menschen sich umdrehten, wenn mein Halter mich rief. Später wurden die Reaktionen der Menschen immer seltsamer und ich hatte das Gefühl, abgelehnt zu werden.«

Ich habe die Hundedame aufgrund ihrer Depression kennengelernt und behandelt. Es ist sicher nicht schwer zu erraten, was sich ändern mußte, um ihren Zustand zu verbessern.

Elvis, ein zehn Jahre alter schwarzer Kater, erzählte mir: »Ich war immer der Größte und ich regiere mein Reich. Ich spüre, daß die Menschen an etwas Großes, Tolles denken, wenn sie mich rufen, denn diese Schwingung senden sie mir.«

Meditation zum Finden des wahren Namens Ihrer Katze:

- Schließen Sie Türen und Fenster und reinigen Sie den Raum durch Räuchern. Legen Sie ein Foto Ihrer Katze vor sich oder wissen Sie Ihr Tier entspannt in Ihrer Nähe.
- Schließen Sie die Augen und lassen Sie alle Gedanken los. Sagen Sie sich: »Ich lasse nun alles los«.
- Atmen Sie ein und aus und denken Sie an den Herzschlag Ihres Tieres. Verfolgen Sie diesen Rhythmus und vergessen Sie nicht, dabei entspannt zu atmen. Berühren Sie mit der linken Hand das Foto des Tieres oder das Tier direkt und warten Sie, bis Sie Wärme in Ihrem Herzen spüren.
- Fragen Sie das Tier nun nach seinem Seelennamen. Versuchen Sie offen für jede Antwort zu sein. Wenn Sie einen Namen bekommen, so halten Sie einen Augenblick inne und fragen Sie das Tier laut: »Ist >...< dein wirklicher Seelenname?«

Wenn Sie das Herz des Tieres weiterhin spüren und Ihre Katze noch vor dem inneren Auge sehen können, nehmen Sie den gehörten Namen als gegeben an. Wenn Ihre

Katze vor Ihrem inneren Auge verschwindet, dann lassen Sie die Übung einige Tage ruhen und versuchen Sie es dann erneut. Sie sollten ein Tier auf der geistigen Ebene nie unter Druck setzen. Jedes Tier kennt seinen Seelennamen, aber es ist nicht immer an uns, diesen zu erfahren.

Wenn Sie den Seelennamen herausgefunden haben, dann können Sie ihn vorsichtig nach und nach an Stelle des Rufnamens einsetzen, oder Sie rufen Ihre Katze nur, wenn Sie telepathisch kommunizieren möchten, mit diesem Namen.

Telepathisch, also mittels Gedanken zu kommunizieren ist ein alter Traum der Menschheit. Jeder Mensch ist fähig, diese Art der gedanklichen Sprache zu erlernen, aus dem einfachen Grund, daß er diese Art der Kommunikation bereits laufend einsetzt. Wir alle kennen aus irgendeiner Situation das Gefühl der Gedankenübertragung. Sie denken kurz vor Ihrer Mittagspause an Ihre Freundin und daß ein gemeinsames Essen schön wäre, und fast im gleichen Augenblick klingelt das Telefon und Ihre Freundin schlägt das angedachte Mittagessen vor.

Gedankliche Kommunikation ist abhängig von drei Faktoren: dem klaren Gedanken des Senders, der geistigen Klarheit des Empfängers und der Energie, also dem Sendepotential des Senders. Je stärker der Sender seine mentale Kraft bewußt oder unbewußt bündeln kann, desto klarer erreicht der Gedanke den Empfänger.

Ein Mensch, der diese Kräfte bewußt nutzen kann und Zugang zu ihnen hat, kann sowohl positiv als auch negativ beeinflussen.

Während einer Meditation werden Wellen von positiven Gedanken freigesetzt, die andere Menschen mit einer ähnlichen Grundeinstellung erreichen und auf Dauer anziehen. Sie können einen geliebten Menschen im Koma oder eine Katze, die sich unter Narkose befindet, mit Ihren Gedanken erreichen. In so einem Fall ist es besonders wichtig, klare Gedanken zu haben, also der Angst und dem eigenen Schmerz keinen Raum zu geben, sondern dem Tier mittels der Gedanken zu erklären, daß alles in Ordnung ist und die Operation bald vorbei sein wird.

Tiere wie Menschen können uns in diesem Stadium tatsächlich hören, denn es ist der Zugang über die telepathischen Kanäle, den wir nutzen. Adolf Hitler hat zum Beispiel, bevor er Verhandlungen mit Vertretern anderer Nationen führte, eine Gruppe von Telepathen im Nebenraum plaziert, von wo aus sie die Verhandlungspartner mit ihren Gedanken beeinflussen sollten.

Persönlich nutze ich die Telepathie oft in der Beziehung zu meinem Mann. Sollte er vergessen haben, das Auto abzuschließen, so sende ich ihm einen Gedanken – oder wir greifen prinzipiell im gleichen Augenblick nach einem Gegenstand. Ich denke an die Geschirrspülmaschine, und er stellt sie an.

Bei meinen eigenen Tieren setze ich die Telepathie ebenfalls ein. Meine Tiere senden mir Gedanken, wenn sie Hunger haben oder etwas nicht in Ordnung ist. Mein Hund Mercucio hatte sich aus einem eingezäunten Grundstück eines Ferienhauses in Dänemark lautlos entfernt. Da ich mich im Wohnzimmer befand und der Meinung war, daß alles in ordentlichen Bahnen verlief, war ich sehr erstaunt, als ich plötzlich starke Freude und den Gedanken »Rennen« empfing. Niemand der Anwesenden war gerade joggen oder tat etwas Ähnliches. Dann begriff ich, wessen Gedanken ich da empfing. Mercucio konnte es durch den engen geistigen Kontakt nicht verhindern, daß seine inneren Bilder und Gedanken mich erreichten. Ich lief nach draußen und verließ mich auf meine Verbindung zu ihm, die mich auf einen einsamen Strandweg lenkte. Als ich schneller rannte, konnte ich ihn plötzlich vor mir sehen. Schließlich bekam ich ihn zu fassen. Schuldbewußtsein blitzte mir aus verschmitzten Augen entgegen.

Er erklärte, er sei einem Kaninchen gefolgt und die Freude am Rennen hätte ihn immer weiterlaufen lassen. Sein hohes Selbst jedoch nutzte den Kanal zu meinen Gedanken und schlug Alarm.

6. Der 10-Wochen-Kurs in Katzenkommunikation

Telepathie zum Bestandteil der Kommunikation mit Ihrer Katze zu machen, bietet folgende Vorteile:

- Gedankliche Gespräche finden statt.
- Bilder und Gefühle können mit einem Gespräch unterlegt werden.
- Es wird über die Telepathie ein Kontakt zum hohen Selbst hergestellt.
- Sie ermöglicht Gespräche mit entlaufenen Tieren.
- Gespräche mit Frequenzen verstorbener Tiere sind möglich.
- Fragen an die Tiere können gezielt beantwortet werden.

Für die nun folgenden Übungen empfehle ich ein Kommunikationstagebuch anzulegen. So können Sie Gespräche niederschreiben und die Fortschritte, die Sie machen und die sich in der Verbesserung des Gesprächsflusses bemerkbar machen, verfolgen. Außerdem macht es viel Freude, alte Gespräche zu lesen und sich an besondere Momente zu erinnern.

Die folgenden Übungen sollten Sie während eines Zeitraums von zehn auf einander folgenden Wochen durchführen. Sie sind so angelegt, daß pro Woche eine Übung stattfindet und sich Ihr Können nach und nach steigert. Sie sollten nicht ausschließlich mit Ihrer eigenen Katze arbeiten, sondern vor Beginn des Kurses möglichst viele Fotos von Katzen sammeln und diese bereithalten.

Es ist wichtig zu verstehen, daß die Übungen sich erst durch die langsame Steigerung in ihrer Wirkung zeigen und sich so Ihr Talent als Katzenkommunikator entfalten kann. Einzelne Übungen sollten Sie erst nach Abschluß des 10-Wochen-Kurses unabhängig vom Rest der Übungen durchführen. Erst dann sind Sie dazu fähig, die Energie für eine Übung selbständig aufzubringen.

Am Ende dieses Kurses, der Ihnen viel Freude bereiten und Sie Ihrer Katze näherbringen wird, steht die Verbindung des Sehens mit dem Fühlen der Bilder und Empfindungen Ihrer Katze. Erst dann ist die Kommunikation komplett. Zur Unterstützung kann ich Ihnen unsere Übungs-CDs empfehlen, die sehr schön gesprochene Meditationen enthalten.

Ich wünsche Ihnen viel Spaß und Ihrer Katze jede Menge Toleranz...

Es ist wichtig, daß Sie vor Beginn jeder Übung die Prana-Atmung durchführen und sich und Ihre Räume energetisch reinigen. Sie schützen so Ihre Katze vor negativen Übertragungen im energetischen Bereich und Ihren telepathischen Kanal vor unerwünschten Wesen.

1. Woche

- Schreiben Sie fünf Fragen, die Sie Ihrer Katze stellen wollen, in Ihr Heft. Schreiben Sie Ihre eigenen, bewußten Antworten daneben. Mit bewußten Antworten meine ich das, was **Sie** für die Antwort Ihrer Katze halten.
- Begeben Sie sich dann in einen meditativen Zustand und atmen Sie in Ihr Herz. Stellen Sie dann die gleichen Fragen noch einmal. Versuchen Sie, die Liebe zu Ihrer Katze in Ihrem Herzen als Wärme zu spüren.

- Schreiben Sie die Antworten auf und vergleichen Sie sie mit den ersten Ergebnissen.

Die Antworten Ihrer Katze können sehr überraschend sein. Wichtig ist, daß Sie zu Beginn möglichst einfache Fragen stellen. Eine Frage wie »Wo warst du letzen Freitag um die Mittagszeit?« wäre für den Anfang zu kompliziert.

Gute Fragen für Ihre Katze sind:

– Was ist dein Lieblingsessen?
– Wer ist dein bester Freund?
– Wo schläfst du am liebsten?
– Hast du gerade Schmerzen?
– Was wünschst du dir in diesem Moment?

Sie können diese Übung in der ersten Woche mit verschiedenen Katzen durchführen.

2. Woche

- Gehen Sie in einen Raum und lassen Sie Ihre Katze in einem anderen Zimmer zurück. Das Tier sollte entspannt sein, am besten vor sich hin dösen.
- Setzen Sie sich und entspannen Sie. Dann rufen Sie Ihre Katze im Gedanken und stellen sich vor, wie sie zu Ihnen kommt und Sie umstreicht. Ihr Tier sollte der Vorstellung und dem Ruf ihres Gedankens dann auch real folgen.

Sollte diese Übung beim ersten Mal nicht funktionieren, so macht das nichts. Sie werden mit jedem Tag entspannter und je selbstverständlicher Sie diese Übung machen, desto klarer empfängt Ihr Tier Ihren Ruf.

Es ist hilfreich, diese Übung täglich zur gleichen Uhrzeit durchzuführen.

3. Woche

- Nehmen Sie ein Foto Ihrer Katze zur Hand und legen Sie es zusammen mit Ihrem Heft vor sich. Legen Sie die linke Hand (die empfangende, fühlende Hand) auf das Foto und nehmen Sie Ihren Stift in die rechte Hand.
- Stellen Sie sich nun vor, daß Sie in Ihren Gedanken ein Gespräch mit Ihrem Tier über alltägliche Dinge führen. Sie sprechen und lassen dabei die Antworten, ohne sie zu bewerten, in Ihren Kopf fließen. Schreiben Sie Fragen und Antworten in Ihr Heft.

Sie können diese Übung die ganze Woche hindurch mit einem Tier fortsetzen. Wichtig ist, daß Sie diese Mitschriften nicht bewerten. Niemand außer Ihnen wird sie zu Gesicht bekommen. Es geht also ausschließlich um die Kommunikation zwischen Ihnen und Ihrem Tier.

4. Woche

Diese Übung ist eine meiner liebsten. Ich nenne sie Herzkommunikation. Sie kann sehr schön sein und eine starke Verbindung zum eigenen Tier herstellen, wenn man bereit ist, seine Angst wirklich loszulassen, und uneingeschränkte Nähe zuzulassen. Es ist gut, wenn Sie vor sich einen Tisch haben, Sie können die Übung aber auch am Boden vor einem Couchtisch durchführen.

- Setzen Sie sich und schließen Sie die Augen. Versuchen Sie, sich zu entspannen und an nichts zu denken (maximal zehn Minuten).
- Stellen Sie sich vor, daß Ihre Katze vor Ihnen auf dem Tisch, ihre Brust Ihnen zugewandt, sitzt. In Ihren Gedanken lassen Sie nun einen Strahl von goldenem Licht aus Ihrem Herzen in das Herz Ihres Tieres fließen.

- Stellen Sie sich vor, daß all Ihre Liebe zu Ihrem Tier fließt. Nun lassen Sie vor Ihrem inneren Auge das Licht aus dem Herzen Ihres Tieres zu Ihnen zurückfließen und einen Kreislauf aus Licht entstehen. Erhalten Sie diesen Kreislauf aus Licht ca. drei Minuten aufrecht (gern auch länger, wenn Sie möchten) und legen Sie dann in das Licht, das von Ihnen zu dem Herzen der Katze fließt, eine Frage.
- Stellen Sie sich vor, wie diese gedankliche Frage zum Herzen der Katze getragen wird und dort mit der Antwort in einem goldenen Fluß zu Ihnen zurückfließt.
- Nehmen Sie an, was immer als Antwort kommt. Bitte stellen Sie Ihrem Tier anfänglich nicht mehr als zehn Fragen auf diese Weise.
- Wenn Sie die Übung beenden wollen, lassen Sie den Fluß aus Ihrem Herzen immer schwächer werden und schließlich verebben. Danken Sie Ihrer Katze und visualisieren Sie sich beide in einem goldenen Ei.
- Schreiben Sie Ihre Erlebnisse auf.

Sie können diese Übung im Laufe der Woche auch mit verschiedenen Tieren durchführen.

5. Woche

- Begeben Sie sich in einen meditativen Zustand und stellen Sie sich Ihre Katze vor. Konzentrieren Sie sich auf den Atem des Tieres und beginnen Sie langsam damit, den Atem und Herzrhythmus zu imitieren.
- Erlauben Sie sich, immer weiter in das Tier hineinzuspüren. Achten Sie auch auf Stellen, die dem Tier Schmerz bereiten und die Sie durch Ihren Körper wahrnehmen.
- Beenden Sie diese Übung, indem Sie langsam und sanft wieder zu Ihrer eigenen Atmung zurückkehren.

- Hüllen Sie das Tier anschließend in Schutz und Licht und danken Sie ihm.

Sollte Ihre Katze nicht vor Ihrem geistigen Auge erscheinen, dann bitten Sie ein anderes Tier, zu kommen. Sie dürfen niemals unter Druck in den Körper eines anderen Wesens hineinfühlen.

6. Woche

- Sagen Sie Ihrer Katze laut, daß Sie eine Woche lang jeden Tag mit ihr sprechen werden. Halten Sie dann tagsüber jede Stunde einmal telepathischen Kontakt zu Ihrem Tier.
- Sprechen Sie mit ihr in Gedanken, wenn Sie zur Arbeit fahren, in der U-Bahn oder in Ihrer Mittagspause, und achten Sie darauf, jede Stunde mindestens einmal Kontakt aufzunehmen.
- Lassen Sie mögliche Antworten als Gedanken einfach zu sich zurückfließen und nehmen Sie diese an, ohne sie zu werten.

Falls Sie jetzt denken, daß dies der beste Weg ist, um in die Psychiatrie aufgenommen zu werden, kann ich Sie beruhigen. Solange Sie nicht die Lippen bewegen und Ihre Mimik das innere Gespräch nicht auffällig unterstreicht, ist alles nach außen hin unsichtbar.

7. Woche

- Sprechen Sie in Gedanken alle Tiere an, die Ihnen tagsüber begegnen. Ob Hunde, Tauben oder Katzen, begrüßen Sie alle Tiere in Gedanken freundlich und fragen Sie nach deren Befinden, Namen und danach, womit sie gerade beschäftigt sind. Manche Tiere werden Sie sehr präsent spüren und direkte Antworten geben, während andere sich vielleicht nicht auf ein Gespräch einlassen.

- Nehmen Sie alles an und notieren Sie es in Stichpunkten in Ihr Heft.

Möglicherweise stellen Sie fest, daß der Kontakt zu einer Tierart oder Rasse deutlich besser ist als zu einer anderen. Es kann auch sein, daß Sie mit frei laufenden Hunden im Park schneller in ein Gespräch kommen und diese auch psychisch deutlicher reagieren als Hunde, die angeleint sind.

Es geht in dieser Woche darum, die eigenen Fähigkeiten besser einschätzen zu lernen und den telepathischen Charakter verschiedener Tierarten zu analysieren.

8. Woche

- Treten Sie wie in der dritten Woche über ein Foto in Kontakt mit Ihrem Tier. Bitten Sie es konkret, während des Tages etwas zu tun, was es gewohnheitsmäßig nicht machen würde. Zum Beispiel aus einem anderen Napf trinken oder auf Ihren Rücken springen.

Sollte diese Übung am ersten Tag nicht gleich gelingen, so vereinfachen Sie die Bitte und stellen sich ein möglichst klares Bild der erwünschten Handlung vor. Senden Sie es zeitgleich mit dem Gedanken.

Sie können diese Übung auch mit fremden Katzen durchführen, sollten die Ergebnisse dann aber auch mit deren Haltern absprechen.

9. Woche

- Begeben Sie sich entspannt, aber nicht in Meditation, in die Nähe Ihrer Katze. Senden Sie ihr bewußt und möglichst klar eine Bitte, wie z. B. Ihnen zu folgen oder auf das Bett zu springen.

- Diese Übung findet ausschließlich ohne Leckereien oder Futterbelohnung statt, da es nicht um Dressur geht, sondern um telepathische Kommunikation.
- Führen Sie diese Übung möglichst täglich immer zur selben Zeit durch und variieren Sie die Bitten. Erklären Sie Ihrer Katze ruhig auch, daß es darum geht, zu erkennen, ob Ihre Gedanken sie erreichen.

Diese Übungswoche ist erfahrungsgemäß nicht einfach, also nicht sofort aufgeben! Wenn Sie möchten, können Sie diesen Übungszeitraum um ein paar Tage verlängern.

- Schreiben Sie Ihre Erlebnisse auf.

10. Woche

- In dieser Woche kombinieren Sie das in den vergangenen Wochen Erlernte und versuchen jeden Tag auf eine andere Art, Ihre Katze gedanklich zu erreichen und von ihr Antworten zu bekommen.

Mögliche Probleme, die während der zehn Wochen auftauchen könnten:

Es kann sein, daß Sie während Ihrer Versuche, mit Ihrer Katze zu kommunizieren, nicht immer die erwarteten Antworten bekommen. Denken Sie in solchen Situationen nicht, daß Sie unbegabt sind. Die Gründe sind wahrscheinlich andere. Nachfolgend einige sehr häufige Ursachen für Kommunikationsprobleme:

- Streß, der aus dem Alltag mitgenommen wurde
- Zuwenig Zeit, um die Übungen wirklich entspannt durchzuführen
- Viele Menschen haben unbewußt Angst vor dem telepathischen Kontakt mit Tieren und vor dem, was eine Kommunikation auf dieser Ebene verändern könnte.

Eine weitere Blockade bei der Kontaktaufnahme kann entstehen, wenn Sie gerade ein Tier verloren haben und die Entspannungsübungen den Verlust Ihres Tieres wieder in Ihr Herz holen. Auch körperliche Schmerzen wie ein Beinbruch oder Regelschmerzen können Blockaden schaffen, die den Kommunikationskanal schließen.

Wenn Sie mehr als die Hälfte der Übungen mit einem Gefühl des erfolgreichen Kontaktes zu Ihrer Katze beendet haben, dann genießen Sie den Erfolg und gehen diesen Weg mit einzelnen Übungen weiter. Sollten Sie weniger als fünf Übungen mit einem Kontakt abgeschlossen haben, also fünf von zehn Wochen ohne Ergebnis geblieben sein, dann motivieren Sie sich jetzt und beginnen Sie von neuem!

Natürlich werde ich Ihnen gerne auch persönlich in einem meiner Kurse auf die Sprünge helfen. Kurse und Workshops, die von einem guten Tiermedium gehalten werden, haben den Vorteil, daß die Gesamtschwingung der Gruppe von dem Kursleiter mitgetragen wird und die Teilnehmer davon profitieren.

Um die Kommunikation aus allen drei Bereichen (Sehen, Fühlen, Telepathie) zusammenzusetzen und zu perfektionieren, schlage ich nun weitere Übungen vor. Wenn Sie diese meistern, befinden Sie sich bereits auf dem Weg dazu, ein richtiger Tierkommunikator zu werden. Hierbei können Engel, geistige Führer und andere Lichtwesen, die den tiefen Kontakt eines Menschen zu seinem Tier wünschen und diesen auch unterstützen, behilflich sein. Bei Interesse erfahren Sie im Anhang B, wie Sie mit diesen Wesen in Kontakt treten und ihre Hilfe in Anspruch nehmen können.

Die ganzheitliche Tierkommunikation

Sie haben nun in vielen Übungen einiges über die drei Ebenen der Tierkommunikation erfahren. Nun kommen wir zur wahren Kommunikation mit Tieren, die alle Sinne und Möglichkeiten des Spürens enthält.

Sie möchten Ihrem samtpfotenen Freund zuhören und sich mit ihm austauschen, Sie möchten fühlen, was er fühlt, und die Bilder, die Ihre Katze sendet, empfangen. Bevor Sie den 10-Wochen-Kurs der Tierkommunikation gemacht haben, lag diese Möglichkeit in weiter Ferne. Durch das langsame Herantasten an alle Sinne und durch Kontinuität sind Sie ihrem Ziel schon sehr viel näher gekommen.

Setzten Sie sich bitte bei den nachfolgenden Übungen nicht unter Druck. Hier macht Übung und Praxis wirklich den Meister, unterstützt von etwas Begabung.

Führen Sie die folgenden Übungen bitte erst nach Beendigung des 10-Wochen-Kurses durch!

Sehen und Fühlen verbinden

Setzen Sie sich bequem in einen Stuhl und halten Sie die Augen offen. Visualisieren Sie violettes Licht mit offenen Augen und stellen Sie sich vor, Sie würden gereinigt. Sollten Sie sich mit geöffneten Augen kein violettes Licht oder Feuer vorstellen können, so arbeiten Sie nochmals einige Übungen aus dem Bereich »Hellsehen« durch.

Haben Sie das violette Licht entspannt, mit offenen Augen, seine Aufgabe erfüllen lassen, so gehen Sie in der Übung weiter: Nehmen Sie ein Foto Ihres Tieres in die Hand, schließen Sie die Augen und spüren Sie in den Tierkörper hinein. Dringen Sie, mit dem Einverständnis Ihrer Katze, so weit in den Kopf des Tieres vor, bis Sie seine visuellen Eindrücke empfangen. Dies können zunächst Farben, Lichter oder Wahrnehmungen von Helligkeit oder Dunkelheit sein.

Versuchen Sie, zu sehen, was Ihre Katze wahrnimmt, und dabei den Körper des Tieres zu spüren. Diese Kontaktaufnahme sollte nicht länger als zehn Minuten dauern.

Zum Beenden kehren Sie wieder zu Ihrem eigenen Atemrhythmus zurück. Entfernen Sie sich immer weiter von dem Tier, bis Sie am Ende gedanklich neben der Katze stehen.

Hüllen Sie Ihre Katze und sich selbst in dunkelblaues Licht, es bietet Schutz und Rückzug nach solch einem intimen Erlebnis. Sie dürfen diese Übung niemals gegen den Willen des Tieres ausführen, denn dies käme einer Vergewaltigung gleich.

Den Widerstand erkennen Sie daran, daß Sie Ihr Tier auf geistiger Ebene nicht fassen können, oder daran, daß sich Ihre Brust beengt anfühlt.

Ich begleite Sie nun weiter zu der Übung, die alle Ebenen endgültig verbindet.

Mit der eigenen Katze sehen, spüren und sprechen

Zwischen der vorherigen und dieser Übung sollte mindestens ein Tag liegen.

Setzen Sie sich dazu bequem in einen Stuhl und vollziehen Sie die Reinigung mit dem violetten Licht wie in der vorangegangenen Übung.

Halten Sie die Augen offen und entspannt, während Sie Ihre Katze vor sich haben oder alternativ ein Foto von ihr in Händen halten.

Konzentrieren Sie sich auf das Tier und atmen Sie entspannt. Spüren Sie beim Atmen nicht in den Körper der Katze hinein, sondern fühlen Sie Ihren eigenen Körper. Bitten Sie Ihre Katze gleichzeitig um ein Gespräch auf geistiger Ebene und um die Bilder, die sie sehen kann.

In Gedanken können Sie sie Folgendes fragen:

- Wie geht es dir?
- Hast du Schmerzen?
- Kann ich dir einen Wunsch erfüllen?
- Was möchtest du am liebsten essen?
- Wer ist dein bester Freund?
- Was ist deine Lieblingsfarbe?
- Verrätst du mir deinen Seelennamen?
- Welches Tier warst du in einem früheren Leben?

Fragen Sie Ihr Tier, was auch immer für Sie wichtig ist.

Versuchen Sie, offen für alle Antworten zu sein. Diese Antworten können aus Bildern, Worten, Gedanken oder einfach einem Gefühl in Ihrem eigenen Körper bestehen.

Sollten Sie Schmerzen empfinden, haben Sie keine Angst, es handelt sich hierbei um die Empfindung einer Frequenz, die spätestens nach einer Stunde verschwindet.

Wenn Sie das Gespräch beenden wollen, atmen Sie aus und richten Ihre Konzentration langsam wieder auf sich selbst. Bedanken Sie sich bei Ihrer Katze für das Gespräch.

Was macht einen guten Tierkommunikator aus?

Ein Mensch, der professionell in diesem Beruf arbeiten möchte, sollte in jedem Fall eine fundierte Ausbildung durchlaufen haben.

Dieses Buch mit all seinen Übungen vermittelt Ihnen alles, was man im Selbststudium zu Hause erreichen kann. Sie haben dabei nur wenig Feedback und können auf keinen Lehrer zurückgreifen, der Sie korrigiert und auf Fehler hinweist.

Der private Tierkommunikator möchte mit seinem Katzenfreund sprechen. Er kann unentgeltlich Freunden und Verwandten helfen und bedürftigen Tieren in Tierheimen oder bei anderen Hilfsorganisationen Trost und Liebe spenden. Selbst wenn keine der in diesem Buch vorgestellten Übungen bei Ihnen eine Öffnung Ihres Kommunikationskanals bewirken konnte, so haben Sie doch ein größeres Verständnis für Tiere allgemein und Katzen im Besonderen erlangt. Dies ermöglicht Ihnen, besser für diese Geschöpfe einzutreten.

Um beruflich als Tierkommunikator arbeiten zu können, benötigen Sie neben einer Ausbildung folgende Voraussetzungen: Sie müssen in der Lage sein, zu jedem Tier zu jeder Zeit ein Gespräch aufzubauen. Das bedeutet, daß Sie eine ablehnende Haltung des Tieres so weit besänftigen, daß es trotzdem mit Ihnen spricht. Weitere wichtige Voraussetzungen sind:

- In einer Notsituation sollten Sie sogar aus der Ferne mit dem hohen Selbst und der Seele des Tieres in Kontakt treten können.
- Sie sollten die Aura und die Chakren sehen und dadurch Rückschlüsse auf Krankheiten und Disharmonien ziehen können.
- Sie sollten in der Lage sein, die Engel und geistigen Führer eines Tieres zu sehen, um mit ihnen sprechen zu können. Dies kann bei lebenswichtigen Entscheidungen sehr wertvoll sein.

- Sie können Energiefelder harmonisieren oder beherrschen eine Heiltechnik (Reiki, Divine Healing).
- Es sollte Ihnen leicht fallen, zu vermißten Tieren Kontakt aufzunehmen, und Sie können mindestens fünfzig Prozent dieser Tiere über Ihre Gabe zurückbringen.
- Sie können mit verstorbenen Tieren sicheren Kontakt aufnehmen und eventuelle Blockaden bei Mensch und Tier lösen.
- Sie sind sicher und souverän im Umgang mit Tieren und Menschen und es fällt Ihnen nicht schwer, auch auf schwierige Menschen zuzugehen.
- Sie beurteilen Menschen nicht, können sich aber andererseits gut gegen negative Energien schützen.
- Sie haben Ihre eigene Beziehung zu den Tieren geklärt und projizieren Ihre Probleme nicht auf die Klienten.
- Sie beherrschen die Kommunikation mit einem Tier mit geöffneten Augen und auch, während der Halter anwesend ist. Dabei können Sie das Energiefeld des Tieres spüren.
- Sie haben Spaß an Ihrer Arbeit und bilden sich selbst als ganzheitliches Wesen weiter.

Den Körper Ihrer Katze fühlen – der Bodyscan

Der *Bodyscan* ist eine Methode der hellfühligen Untersuchung eines Körpers. Das Gute daran ist, daß Sie bei seiner Anwendung nicht nur Krankheiten wahrnehmen, die schon nach außen sichtbar geworden sind, sondern auch jene feinen Disharmonien in den organischen Energiefeldern erkennen können, die sich gerade bilden.

Zur Durchführung des Bodyscans bei Ihrer Katze fühlen Sie sich gezielt in jedes einzelne ihrer Organe ein und tragen Ihr Gefühl für jedes Organ in eine Werteskala von 1 bis 10 ein, wobei 1 der schlechteste und 10 der beste Wert ist.

Amina, eine zweijährige Siamkatze, sagte mir Folgendes über den Bodyscan:
»Ich liebe es, wenn mein Mensch diese Übung mit mir macht. Ich fühle mich dann geliebt und mit Respekt behandelt und es gefällt mir sehr, daß jemand Vorsorge für meine Gesundheit treffen will.«

Sie können den Bodyscan natürlich auch bei andern Tieren anwenden.

Wann und wie kann ein Tierkommunikator einer Katze helfen?

Katzen haben viele Probleme, bei denen die Tiere auf Hilfe und Mitgefühl von ihrem Halter hoffen. Die meisten Tiere gehen deshalb auch freudig auf ein Gespräch ein, denn sie verstehen, daß es ihnen dabei hilft, ihre Wünsche und Bedürfnisse besser auszudrücken.

Die häufigsten Gründe für das Aufsuchen eines Tiermediums sind Verhaltensprobleme, Krankheiten, Streßsituationen nach einem Umzug und die Gewöhnung an ein neues Tier.

Nur sehr wenige Menschen nehmen die tierkommunikatorischen Fähigkeiten in Anspruch, um ein allgemeines Stimmungsbild ihrer Katze vermittelt zu bekommen. Ich hoffe sehr, daß immer mehr Menschen von dieser Möglichkeit Gebrauch machen werden.

Es kommt immer häufiger vor, daß Menschen mit ihren Katzen vor einer Operation zu mir kommen und mich bitten, dem Tier den Vorgang und die Notwendigkeit des Eingriffs zu vermitteln.

Alle Maßnahmen, die in Vorsorge für die Seele eines Tieres getroffen werden, haben eine positive Wirkung. Vor allem, weil dadurch der Schock, der während eines Eingriffs wie einer Operation entsteht, in einem für Ihre Katze erträglichen Rahmen gehalten wird.

Neben der Konsultation eines Tiermediums kann ich Ihnen bei einschneidenden Veränderungen im Leben Ihrer Katze die Gabe von Bachblüten-Rescue-Tropfen empfehlen und bei körperlichen Beschwerden oder Eingriffen die Gabe von homöopathischer Arnika. Beide helfen der Katze dabei, sich besser zurechtzufinden und schneller zu erholen. Ich rate Ihnen auch zu einer Notfall-apotheke, in der Sie ein paar wichtige Medikamente aufbewahren sollten. Wie eine solche Notfallapotheke für Katzen aussehen sollte, können Sie in Anhang D nachlesen.

Die Fünf Gebote der Tierkommunikation

Im Laufe meiner Arbeit als Tierkommunikatorin haben sich für mich in Hunderten von Einzelsitzungen, Ausbildungen und Seminaren fünf Gebote herauskristallisiert, die bei einer Kontaktaufnahme mit einem Tier gelten. Diese haben sich aus dem tiefen Mitgefühl, dem Respekt und der Liebe, die ich für Tiere empfinde, heraus entwickelt. Es handelt sich um Gebote, die Sie bei der Kommunikation mit allen Tieren beachten sollten.

Denken Sie über diese Gebote nach, und versuchen Sie, sie diese nachzuvollziehen und zu leben. Nur wenn Sie sie beherzigen, wird Ihre Tierkommunikation sich ehrlich, respektvoll und real gestalten. Halten Sie sich an diese Leitlinien, um Ihr Tier wirklich zu *fühlen*.

1. Gebot

Seien Sie Tieren gegenüber respektvoll und mitfühlend.

2. Gebot

Ein Tier ist kein Mensch; wenn Sie es verstehen wollen, müssen Sie durch seine Augen sehen, mit seinen Ohren hören und mit seinem Maul schmecken.

3. Gebot

Telepathisch zu kommunizieren bedeutet, Dolmetscher zu sein und nicht Verhaltenstraining auf geistiger Ebene zu betreiben.

4. Gebot

Jedes Tier hat das Recht, frei zu entscheiden und sein Empfinden auszudrücken. Als Tierkommunikator sollten wir diese Empfindungen nicht schönfärben oder anpassen.

5. Gebot

Die Seele eines Tieres ist frei, sein Körper nicht. Geben Sie einem Tier Freiheit und Raum, sich zu entfalten. Erkennen Sie die Wünsche des Tieres an und stellen Sie diese über die eigenen Bedürfnisse.

7. Entlaufen – Kater verzweifelt gesucht: Warum verschwinden Tiere?

Die verschwundene Katze ist ein trauriges Thema, mit dem ein Tierkommunikator fast täglich konfrontiert wird.

Manche Anrufe ereilen mich einen Tag nach dem Verschwinden des Tieres. Die Katze ist nicht zur gewohnten Zeit nach Hause gekommen, und Frauchen hat das Gefühl, daß etwas nicht stimmt. Andere Tierhalter rufen erst nach dreimonatiger Abwesenheit ihres Tieres an und machen sich »langsam« Sorgen.

Wer ein klares Gefühl für und eine enge Bindung zu seiner Katze hat, spürt meist sofort, wenn etwas mit ihr nicht stimmt. Ich habe aber den Eindruck, daß viele Menschen versuchen, ihre Gefühle für ein entlaufenes Tier beiseite zu schieben. Sie haben Angst vor den Tränen, die unweigerlich fließen, wenn man sich mit jemandem darüber austauscht, oder vor der Erkenntnis, daß dem Tier tatsächlich etwas zugestoßen sein könnte. Man redet sich lieber ein, daß mit der Katze alles in Ordnung sei und die Katze sich schon wieder melden wird.

Diese Haltung läßt wertvolle Zeit verstreichen, die die Chancen verringert, das Tier mit der Hilfe eines Tierkommunikators wiederzufinden. Zeit ist der wichtigste Faktor, auf den es bei der Suche nach einem Tier ankommt.

Eine Hauskatze, die sich verirrt hat, ist draußen in der Welt hilflos und wird nur wenige Tage ohne menschliche Hilfe leben können. Mag sein, daß Ihre Katze ein guter Hobbyjäger ist oder gerne von abgestandenem Regenwasser trinkt – für ein Leben in der freien Natur ist sie deshalb noch lange nicht geschaffen.

Warum verschwinden so viele Katzen und wieso finden die wenigsten zurück nach Hause?

Es gibt mehrere Möglichkeiten. Die erste ist: Ein Zwischenfall, der die Katze so verschreckt, führt dazu, daß sie sich auf der Flucht verirrt.

Ein klassisches Praxisbeispiel wäre eine junge Katze, die sich vor einem herunterfallenden Teller erschreckt und davonläuft. Während sie rennt, kreuzt sie den Weg eines Hundes, der sie noch ein Stück weiterjagt. In Panik rennt sie um ihr Leben und versteckt sich dann völlig übermüdet an einem unbekannten Ort, wie z. B. einem Hinterhof. Da hier ständig Müll ein- und ausgeladen wird, hat sie Angst und traut sich nicht mehr, ihr Versteck zu verlassen. Sie hungert lieber und wird von Tag zu Tag schwächer. Dies ist eine Situation, in der jede Stunde zählt.

Ismael, ein Kartäuserkater, erzählt:

»Ich hatte keine Ahnung, was passiert war. Ich habe geschlafen und ein lautes Geräusch weckte mich auf. Etwas fiel mir auf den Schwanz, und ich habe mich so erschreckt, daß ich nur noch gelaufen bin. Es hat lange gedauert, bis ich gemerkt habe, daß ich mich verirrt hatte. Dann hatte ich Hunger und Angst.«

Eine andere Möglichkeit könnte sein, daß eine Katze unterwegs eine Ratte erlegt und auf diese Weise Rattengift zu sich nimmt. Sie schleppt sich mühsam zurück in die Nähe ihrer Wohnung, ist aber zu schwach, um das rettende Heim zu erreichen.

Viele Katzen verletzen sich z. B., wenn sie von einem Auto angefahren werden, und können deswegen nicht nach Hause zurückkehren.

Eine Minderheit der Katzen läuft bewußt von ihrem Zuhause fort und entflieht den Menschen. Die meisten Tiere leiden lieber stumm vor sich hin und fristen ihr Dasein. Katzen, die bewußt weglaufen, sind meist sehr intelligent. Sie wählen eine neue Lebensform, nachdem sie ihrem Halter genügend Chancen eingeräumt haben, ihre Situation zu ändern.

Hierzu möchte ich Ihnen ein Erlebnis aus meinem Berufsalltag erzählen:

Der Anruf kam früh am Morgen. Ich hatte gerade mein Büro betreten. Auf dem Anrufbeantworter blinkte mich wie so oft das Zeichen für »voll« an, und ich stellte mich auf einen langen Arbeitstag ein. Die junge Frau am anderen Ende der Leitung hatte am Abend zuvor durch eine Freundin von meiner Tätigkeit und der Möglichkeit gehört, entlaufene Tiere wieder zu finden. Ich versuchte, aus der hektischen Stimme und dem lauten Schluchzen sinnvolle Informationen zu filtern: Es handelte sich um einen zehn Jahre alten schwarzen Kater, der Sultan hieß und seit einer Woche wie vom Erdboden verschluckt war.

Aushänge an Bäumen und Anrufe bei der örtlichen Polizei und im Tierheim waren ohne Erfolg geblieben. Erschwerend kam hinzu, daß er dringend Medikamente gegen seine Allergien benötigte. Wie sonst auch, bat ich die Frau darum, mir ein Foto des Tieres per E-Mail zu schicken.

Am späten Abend nahm ich Kontakt mit Sultan auf. Der Kater schien mir sehr wohlgenährt zu sein, was ich zwar auf dem Foto nicht erkennen konnte (es zeigte nur seinen Kopf), aber als ich in ihn hineinspürte, war mir unbehaglich zumute und mein Magen knurrte. Es war kalt und die Nässe, die ich in seinem Fell fühlen konnte, steigerte die Stimmung des Tieres nicht unbedingt. Ich hörte eine Kirchenglocke und empfing ein verschwommenes Bild von einer Gruppe dunkler Menschen. Aha – ein Friedhof, dachte ich, sprach diesen Gedanken dem Kater gegenüber aber nicht aus.

Nach einigen Bitten, mir zu erklären, was mit ihm los sei, offenbarte Sultan mir schließlich seine Gedanken. Zutiefst genervt zeigte er mir fünf erwachsene Katzen und drei Katzenwelpen bei sich daheim und machte deutlich, daß er keinen Raum für sich hatte. Ständig, so beschwerte er sich bei mir, sei eine andere Katze irgendwo, wo er gern sein wollte, und er könnte nirgendwo allein sein.

Des weiteren sei er alles andere als ein Kinderfreund und er könne die Begeisterung seiner Halterin für die kleinen Katzenbabys nicht teilen. Er fühle sich genervt und eingeengt und wolle jetzt lieber in Freiheit leben.

Ich erklärte ihm, daß seine Halterin ihn sehr vermissen würde und mich gebeten hätte, ihn zu bitten, nach Hause zurückzukehren. Er brauche außerdem seine Medikamente, um zu überleben.

Meine Argumente wirkten nicht. Der Kater blieb hart. Ich spürte seinen Hunger in meinem Magen, und da ich von seiner Besitzerin erfahren hatte, daß er nicht gerne jagte, fragte ich ihn nach seiner letzten Mahlzeit.

Er zeigte angewidert das Bild eines toten Vogels, den er gefunden hatte. Ich versuchte nun, ihn bei seinen feinen Geschmacksnerven zu fassen: Zu Hause gäbe es einen wundervollen, gefüllten Futternapf und sicherlich viele Belohnungsextras, wenn er mir nur zeigen würde, wo er sich gerade befand. Kater Sultan wirkte langsam interessierter – ich hatte also einen Ansatzpunkt gefunden.

Der Kater wurde zugänglicher und erklärte mir nun ernsthaft, er möge seine Halterin sehr, lebe auch gerne im Haus – aber die ganzen Tiere, das sei ihm einfach zuviel. Ich erwähnte die Möglichkeit, zu anderen Menschen zu ziehen, und fragte ihn, ob er eine Umgebung kenne, in der er sich wohler fühlen würde. Sultan zeigte daraufhin eine junge Frau mit blonden Haaren und einer pinkfarbenen Hose, die er als Freundin seiner Halterin beschrieb.

Ich beendete die Sitzung und bedankte mich bei dem eigensinnigen Kater. Es war nun an mir, der Halterin zu vermitteln, daß ihr geliebter Kater sie zwar gut leiden mochte, aber eigentlich andere Lebenspläne verfolgte, was sein Leben mit Menschen betraf. Ich erklärte meiner Auftraggeberin am Telefon die Sachlage: Ihr Kater sei ihr in Liebe verbunden, wollte aber ihre Lebensumstände nicht akzeptieren. Der einzige Weg, sein Überleben zu gewährleisten, bestünde darin, ihn an die Frau seiner Wahl – die Freundin der Halterin – abzugeben.

Am anderen Ende der Leitung vernahm ich ein leises Schluchzen, und mein Herz zog sich zusammen. Beide, Mensch und Katze, sind mir in einer solchen Situation sehr nahe, nicht nur, weil sie mir vertrauen, sondern auch, weil ich oft der einzige Mensch bin, mit dem sie über ihre Gefühle sprechen können.

Die junge Frau faßte sich wieder. Als sie endlich zu sprechen begann, konnte ich am Klang der Stimme erkennen, daß sie eine Entscheidung getroffen hatte.

»Alles ist gut«, sagte sie leise, »Es geht um ihn und nicht um mich und mir wird nun klar, daß er trotz meiner Liebe nicht das bekommen hat, was er sich wirklich wünscht.

Ich werde mit meiner Freundin sprechen, ob er zu ihr ziehen kann. Bitte sprechen Sie mit meinem Kater, sagen Sie ihm, wie sehr ich ihn liebe, und daß ich ihn von ganzem Herzen um seine Freundschaft bitte. Versuchen Sie ihm bitte zu erklären, daß ich ihn nicht bedrängen werde. Ich wäre ihm aber sehr dankbar, wenn er mir erlauben würde, ihn zu besuchen.«

Mir war klar, wie viel Kraft diese Sätze jemanden kosten mußten, der sein Tier über alles liebt, und ich war froh, daß dieser Frau die Bedürfnisse ihres Tieres wichtiger waren, als ihre eigenen. Ich versprach, noch einmal mit dem »Flüchtling« zu sprechen.

Sultan, der Kater, erklärte sich nach einer erneuten Kontaktaufnahme mit allem einverstanden. Er zeigte mir nun klare Bilder seiner Umgebung, und ich hörte die Geräusche, die sich in seinem Umfeld befanden. Er war offenbar auf einem Friedhof und befand sich in der Nähe der Kirche.

Er zeigte mir den auffällig geformten Stamm eines Baumes und eine Aushöhlung darin, in der er sich versteckte. Diese Informationen gab ich an die Freundin der Halterin weiter, die sich dann auf die Suche nach ihm machte. Zum Glück gab es nur einen Friedhof in der näheren Umgebung, und auch den Stamm hatte sie schnell gefunden. Den Kater konnte sie zunächst nirgendwo entdecken. Nach einigen Minuten raschelte es hinter ihr im Gebüsch. Sultan, der ihrer Beschreibung nach aussah, als habe er soeben das Dschungelcamp für Katzen absolviert, kam maunzend auf sie zu.

Eine vor kurzem erhaltene E-Mail zeigte mir ein Foto der beiden. Sie wirkten darauf sehr glücklich.

Nicht alle Suchaufträge enden so positiv.

Entführungen

Viel tragischer und häufiger, als man zunächst vermuten möchte, finden Entführungen von Haustieren statt. Betroffen sind hauptsächlich Hunde und Katzen.

Tiere sind vertrauensvoll und neugierig, was ihnen, genau wie Kindern, in solch einer Situation zum Verhängnis werden kann.

Entführungen finden aus den verschiedensten Gründen statt. Menschen denken sofort an Tierversuche, doch es sind nur wenige Tiere, die aus diesem Grund entführt werden, denn Hunde und Katzen können billiger und weniger aufwendig eigens dafür gezüchtet werden. Versuchstiere werden größtenteils in Ländern wie Polen und Rumänien zu diesem Zweck gezüchtet.

Auch die Zellforschung und die Nutzung von menschlichen Probanden hat die Tierquälerei in den letzten Jahren etwas gemildert.

Was geschieht mit einer entführten Katze, wer entführt sie und gibt es einen Weg, sie zurückzubekommen?

Hunde werden meist wegen der Rasse oder der Aussicht auf eine Belohnung gekidnappt. Da Katzen in der Regel von geringem materiellem Wert sind, werden Sie meist aus anderen Gründen eingefangen. Katzen dienen auch in unseren Breitengraden noch immer als Lieferanten für Rheumafelle. Auch für satanische Rituale und andere grausame Quälereien werden Katzen eingefangen. Die Tierfänger warten meist nachts mit geöffnetem Lieferwagen oder offener Autotür auf ihre potentiellen Opfer und locken die Tiere mit Futterködern in die Falle. Manchmal genügt es auch, die Neugier des Tieres zu wecken, um es einzufangen. Die Folgehandlungen sind für professionelle

Tierfänger reine Routine: Das Tier wird mit einem Schlag auf den Kopf betäubt oder bei vollem Bewußtsein in einen Sack geworfen.

Ich habe von einigen meiner Kunden erfahren, daß sie nachts, vom Balkon ihrer Wohnung aus, einen Katzenraub mitverfolgt haben. Leider haben die meisten zu spät verstanden, was dort vor ihren Augen geschah, und zu langsam reagiert.

Für diese Tiere gibt es so gut wie keine Hoffnung mehr.

Wenn die Katzenhalter kurz nach der Entführung ihrer Tiere mit einem Foto zu mir kommen, kann ich die Umgebung oft noch wahrnehmen, in der sich das Tier zuletzt aufgehalten hat. Meist handelt es sich dabei um Kellerverschläge oder eine Kiste, in der die Katze bis zu ihrer »Verwendung« vegetierte.

Wichtig ist in einer solchen Situation, den Glauben an das Tier nicht zu verlieren, sich mit dessen Seele zu verbinden und dem Wesen Licht zu senden, um ihm seine Umstände bzw. seinen Übergang zu erleichtern.

Daß Nachbarn oder Bekannte ein Tier zu sich locken, um es selbst als Haustier zu nehmen, kommt nicht oft vor. Hier hilft meist die Konfrontation mit dem oder der Betreffenden und eine Klarstellung der Besitzverhältnisse.

Wie kann ein Tierkommunikator bei der Auffindung eines Tieres behilflich sein?

Die meisten Tiermedien spüren schnell, ob ein Tier noch in seinem Körper ist und ob es lebt. Ich kann im Vorübergehen an einem Straßenpfeiler, auf dem ein Hilferuf für eine vermißte Katze angeschlagen ist, spüren, ob das betreffende Wesen noch immer lebt.

Verstorbene Tiere fühlen sich sehr weit entfernt an, und ich vergleiche den Eindruck mit dem eines Schwarzweißfotos. Es fühlt sich kühl und kalt an, und ich kann keinen Kontakt zu dem Bewußtsein des Tieres aufnehmen.

Wenn mich jemand um Hilfe bei der Suche nach seinem Tier bittet, so benötige ich ein Foto des Tieres, wobei das Alter der Aufnahme keine Rolle spielt. Sehr hilfreich sind für mich auch Links aus dem Internet mit einer Umgebungskarte des Zuhauses: Ich kann mich dann auf die Schwingung des Tieres konzentrieren und eine vergleichbare Schwingung über der Landkarte suchen. Auf diese Art grenze ich das Suchgebiet ein.

Ich empfange von der Katze Bilder ihrer derzeitigen Umgebung. Ich sehe dann Autos, Bäume und Gebäude und bitte das Tier, mir genau zu zeigen, was es sehen kann. Wichtig ist für mich, Bilder eines prägnanten Hauses, einer auffälligen Garageneinfahrt oder den Geruch eines Müllplatzes zu empfangen, denn über solche Hinweise kann ich Aussagen darüber treffen, worauf die Menschen bei der Suche achten müssen.

Die allerwenigsten Tiere können das Bild eines Straßenschildes senden oder gar den Namen der Straße telepathisch übermitteln. Dies wäre natürlich sehr hilfreich, aber leider passiert es in der Praxis nur sehr selten. Ich verbinde mich mit dem Gedanken des Tieres und empfinde das, was es kurz vor seinem Weggang erlebt hatte.

Wenn die Katze ihr gewohntes Revier verläßt, gibt es an dieser Stelle einen »Datenabriß«. Sie kann sich nicht erinnern, weil sie Angst hatte. Dies ist der Punkt, an dem das Tier die Orientierung verloren und den Weg nach Hause nicht mehr gefunden hat. Gäbe es diesen Punkt nicht, so wäre das Tier nicht verschwunden.

Man kann sich ein kleines Mädchen vorstellen, das mit seinen Eltern in einem Ferienhaus mit kleinem Garten am Waldrand lebt. Solange das Mädchen im Garten ist, den es kennt und der ihm vertraut ist, findet es zurück zum Haus. Folgt es dann einem Schmetterling und begleitet diesen spielerisch in den Wald, so verliert es den Weg aus den Augen. Fliegt der Schmetterling dann weg, besinnt sich das Kind, kennt aber die Umgebung nicht mehr.

Wir Menschen können uns nicht vorstellen, wie unsere Umgebung auf ein so kleines Wesen wie eine Katze tatsächlich wirkt. Alles ist riesig. In den Straßen der Großstadt gibt es nur wenige Plätze, um sich zu verstecken.

Habe ich einmal die inneren Bilder der Katze empfangen, wenn ich denselben Geruch, den sie aufnimmt, in meiner Nase vernehme, wenn ich in meinem Körper spüre, ob sie schwach oder stark ist, dann habe ich eine Möglichkeit, das Tier aufzuspüren.

Ich kombiniere die Bilder, die das Tier mir sendet, mit meinem menschlichen Wissen um Straßen und Ortsführung. Ich weiß, was eine Katze meint, wenn sie mir »einen großen, spitzen Kasten« (eine Kirche) oder ein »Chaos von Geräuschen mit innerem Zittern« (Straße) sendet. Ich notiere mir die Bilder und Informationen und kombiniere sie mit der Energie der Umgebungskarte. Je präziser meine Beschreibung ist, desto größer sind die Chancen, daß der Halter des Tieres den Ort und somit sein Tier wiederfindet.

Die Bilder, die ein Tier sendet, können in Extremsituationen auch verfälscht sein, z. B. wenn der Hunger die Wahrnehmung des Tieres beeinflußt hat und es Bilder in falscher Reihenfolge sendet. Wenn ein Tier entlaufen ist und hungert, so werden Bilder ohne zeitlichen Zusammenhang gesendet. Es liegt an dem Tiermedium, aus seiner Berufserfahrung die Abfolge zu erspüren und feine Signale aufzunehmen und zuzuordnen.

Durch den schlechten Gesundheitszustand des Tieres können sich beispielsweise die Farben der Bilder verändern, oder die Umweltgeräusche treten völlig in den Hintergrund, weil sich die Katze einige Tage zuvor vom Lärm gestört fühlte.

Wenn der Körper einer Katze schwächer wird, beginnt das Tier, im Überlebensmodus zu funktionieren. Oft empfindet es die telepathische Kontaktaufnahme als anstrengend und kann nur schwer nachvollziehen, daß seine Besitzer es über diesen Weg zu retten versuchen.

Der Intellekt des Tieres spielt eine wichtige Rolle. Je klarer und bewußter ein Tier in seinen Gedanken ist, desto strukturierter vermittelt es seinen Zustand und seine Lage. Ist ein Tier sehr sensibel oder von Natur aus ängstlicher, so fällt es ihm schwer, einen klaren Gedanken zu fassen und zu übermitteln. Ich versuche dann, solchen Tieren Ruhe zu übersenden und Struktur in ihre Gedanken zu bringen.

Ein weiteres Problem ist die Zeit. Wird ein Reading mit einer verschwundenen Katze um 18 Uhr gemacht, dann kann es natürlich sein, daß sie sich schon eine Stunde später an einem anderen Platz aufhält.

Katzen bleiben meist in derselben Gegend, besonders wenn sie dort Futter und einen Unterschlupf gefunden haben. Hunde verhalten sich leider ganz anders, sie versuchen nach Hause zurückzufinden, wobei sie sich unter Umständen aber immer weiter von ihrem Zuhause entfernen.

Beim Aufspüren von vermißten Tieren habe ich in achtzig Prozent der Fälle Erfolg. Es gehört zu den glücklichsten Momenten meiner Arbeit, wenn ein Katzenhalter sein Tier an dem von mir beschriebenen Ort wieder in die Arme schließt.

Eine einfache Übung zum Aufspüren von Katzen: Füttern Sie Ihre Katze. Während sie frißt, gehen Sie in einen andern Raum, schließen die Augen und drehen sich wie ein Kind beim Spielen mehrmals um die eigene Achse. Begeben Sie sich dann auf den Boden und versuchen Sie zu spüren, in welchen Raum Ihre Katze nach dem Füttern gelaufen ist.

Eine weitere Übung, um zu lernen, den Aufenthaltsort Ihrer Katze zu bestimmen, ist das Versenden der so genannten *mentalen Postkarte*. Warum sollte Ihre Katze auf das Empfangen eines Bildes reagieren und was ist der Vorteil dieser Technik? Eine mentale Postkarte zu senden heißt, das Tier nicht direkt anzusprechen, sondern seine Neugier und den Impuls auf eine intuitive Antwort zu wecken.

Da ein Tier immer intuitiv handelt, reagiert es auf jeden energetischen wie körperlichen Einfluß von außen. Auch wenn Sie bei Ihrer Katze nicht immer den Eindruck haben, daß diese sich in ihrem tiefen Katzenschlaf von irgend etwas berühren läßt, empfängt sie doch alle feinen Veränderungen, Handlungen und natürlich auch Gedanken (also alle Schwingungen) in einem Raum. Auf diese Schwingungen reagiert sie oder auch nicht, je nach der Wichtigkeit, die das Tier den Schwingungen beimißt.

Eine mentale Postkarte ist ein telepathisch gesendetes Bild, welches ohne Gedanken oder Gefühle gesendet wird, also eine unverbindliche Information mit keinerlei gefühlsmäßiger Belegung.

Sollte sich Ihre Katze z. B. in einem Schockzustand befinden und Ihnen deshalb nicht auf geistiger Ebene in Form von Gedanken klar antworten können, so ist es ihrem Unterbewußtsein doch möglich, auf einen Impuls wie eine mentale Postkarte mit einem Gegenbild zu reagieren.

Wann sende ich eine mentale Postkarte und wann versuche ich, direkt mit meinem Tier zu sprechen?

Wenn Sie bereits eine der in diesem Buch beschriebenen Techniken zur telepathischen Kontaktaufnahme versucht haben und keine Verbindung zu Ihrem Tier herstellen konnten, dann versenden Sie eine mentale Postkarte. Wenn Sie wissen, daß Ihre Katze unter Schock steht, vielleicht weil Sie gesehen haben, wie sie angefahren wurde und weggelaufen ist, dann ist das Senden einer mentalen Postkarte der richtige Weg, um mit ihr in Kontakt zu treten. Die Technik ist relativ einfach.

Das Senden einer mentalen Postkarte

Atmen Sie tief durch und versuchen Sie zur Ruhe zu kommen. Stellen Sie sich vor, Sie würden den Auslöser einer inneren Kamera direkt hinter Ihren Augen betätigen.

Halten Sie Ihre Umgebung mit einem inneren Foto fest. Stellen Sie sich nun vor, daß dieses Foto direkt zu Ihrem Tier gelangt und es berührt. Halten Sie weiter die Augen geöffnet und warten Sie auf ein gedankliches Bild Ihres Tieres. Wenn Sie eine Antwort erhalten haben, senden Sie einfach das nächste Bild, z. B. einen Blick aus dem Fenster, um langsam Informationen über die Umgebung der Katze zu sammeln.

Wichtig ist, daß Sie beim Senden und Empfangen eines solchen Bildes immer ruhig bleiben. Keinesfalls sollten Sie voller Ungeduld das nächste Bild der Katze erwarten, denn damit würden Sie sie nur unter Druck setzen. Nach fünf gesendeten Bildern sollten Sie eine Stunde lang pausieren und danach versuchen, auf diesem Weg weitere Informationen zu sammeln.

Ich mag diese Technik sehr, da das Tier dabei in keinster Weise bedrängt wird. Dies ist besonders für scheue Katzen wichtig, die sich in einem Schockzustand befinden oder Menschen gegenüber mißtrauisch sind.

Ich möchte dieses unerfreuliche Kapitel über entlaufene Katzen beenden, indem ich Sie darum bitte, Folgendes zu bedenken: Katzen sind domestizierte Wildtiere. Wenn sie können, werden sie wieder zu Jägern. Ihre Katze tut dies nicht, um Sie zu verletzen, sondern weil sie ihrem ureigenen Instinkt folgt. Sollten Sie ein Tier auf diese Weise verloren haben, so verhalten Sie sich so, wie eine Katze es tun würde: Wenden Sie sich wieder dem Kreislauf des Lebens zu.

8. Kranke Katze – kranker Mensch?

Wenn Sie selbst keine Energien spüren und der Meinung sind, von feinstofflichen Wirkungsweisen wenig Ahnung zu haben, ist Ihnen sicherlich im Zusammenleben mit Ihrer Katze etwas aufgefallen: Wenn es Ihnen gut geht, dann blüht Ihre Katze auf, sind Sie dagegen depressiv oder fühlen sich krank, drückt Ihre Katze ähnliche Gefühle aus.

Der Gedanke, daß das Tier etwas von seinem Halter übernimmt, liegt nicht fern und tatsächlich ist es auch so. Ihre Katze versucht, Ihren energetischen Haushalt und Ihre Stimmungen auszugleichen. Sie nimmt Ihnen sozusagen etwas von Ihrer »Gefühlslast« ab und verarbeitet diese für Sie.

Daß Tiere dies tun, ist keine Neuigkeit. In den ländlichen Gegenden Deutschlands war es bis vor ca. fünfzig Jahren durchaus üblich, bei schwerem Fieber oder ansteckenden Krankheiten Tiere zu dem Patienten ins Bett zu legen. Die Menschen wußten, daß kleine Tiere wie Kaninchen, Enten oder Katzen die kranken Energien des Menschen aufnehmen und absorbieren. Man nahm bei dieser egoistischen Heilweise durchaus in Kauf, daß das Tier an der übernommenen Belastung zugrunde ging.

Auch bei Naturvölkern wie den Aborigines in Australien ist es durchaus üblich – hier jedoch im Einvernehmen mit der Seele des Tieres –, die Energien eines Schwerkranken an ein Tier zu übergeben.

Wieso opfern sich Tiere für Menschen? Ihre Katze hat keinen praktischen Nutzen, wenn sie Ihre seelische Belastung übernimmt. Tiere tun dies, weil sie sich selbst mit den Menschen erfahren. Außerdem sind Tiere Wesen, die sich dem Menschen, den sie lieben, hingeben. Sie spüren sicher, daß Ihre Katze Sie nicht bewertet, Ihre Handlungen kritisiert oder Ihr Aussehen in Frage stellt. Sie werden so geliebt, wie Sie sind.

Im täglichen Leben fängt Ihre Katze viele negativen menschlichen Energien und Blockaden ab.

Sie kennen bestimmt die folgende Situation: Sie bringen Ihren Streß aus dem beruflichen Alltag mit nach Hause, entspannen dort und nehmen, weil Sie sich ja auch auf Ihre Katze freuen, das Tier auf den Arm. Bereits jetzt geben Sie Spannung und den Streß an Ihre Katze ab. Das Energiefeld des Tieres, die so genannte Aura, wird diese belastenden Energien in der Regel auch gut verarbeiten, wobei mit »in der Regel« gemeint ist: wenn das Tier »fit« ist, es ihm psychisch gut geht und sein Energiefeld intakt ist.

Sollte Ihre Katze auf Grund eigener Probleme »aus der Mitte« gekommen sein (vielleicht wünscht sie sich mehr Freiheit oder hätte gern Junge, über die sie sich erfahren kann), dann stehen ihr nicht mehr genügend Kräfte zur Verfügung, um die belastenden Energien ihres Halters zu verarbeiten. In diesem Fall gibt das Tier mehr, als es an Energie zur Verfügung hat, und kann so sein eigenes Schutzfeld nicht mehr aufrechterhalten und genügend versorgen: Es wird krank.

Es ist also tatsächlich so, daß Menschen ihre Tiere unter bestimmten Umständen krank machen können. Bei Katzen dauert dies im Vergleich zu Hunden und anderen Kleintieren relativ lange. Ein Meerschweinchen wäre bei ähnlicher energetischer Belastung bereits viel früher nach außen hin sichtbar erkrankt, da es deutlich weniger energetische Widerstandskräfte hat als beispielsweise eine Katze oder ein Pferd.

Natürlich spielt die körperliche Größe des Tieres auch eine wichtige Rolle, denn je größer ein Tier ist, desto größer und weiter ist auch seine Aura, das feinstoffliche Energiefeld, und desto mehr Widerstandskraft hat es auch.

Dies wird bei einer starken Belastung durch den Menschen schnell sichtbar: Viele Eltern erzählen ihren Kindern, daß kleine Tiere wie Hamster und Kaninchen etc. nur kurze Zeit leben, und daß sich die Kinder deshalb besser gar nicht erst auf eines dieser Tiere einstellen oder sich an es gewöhnen sollten. Tatsache ist jedoch, daß die starke Emotionswelt der Kinder und der Streß der Eltern die kleinen Tiere oft frühzeitig sterben läßt. Bei meinen erwachsenen Klienten, die sich mit einem kleinen Tier als Hausgenossen einen Lebensraum teilen, verhält es sich anders. Die Tiere werden in diesen Haushalten meist sehr alt und haben deutlich weniger mit Tumoren, Abszessen und anderen Wucherungen zu tun, die meist nichts weiter sind als sichtbare Streßreaktionen des Körpers.

Wieso wird meine Katze krank?

Dies ist eine Frage, die wir uns auch für alle anderen Lebewesen stellen können. Wieso werden wir krank, alt und sterben? Versuchen wir, uns zuerst einmal auf Ihre Katze zu konzentrieren.

Zunächst stellt sich die Frage, ob eine Katze im Zusammenleben mit ihrem Halter eine artgerechte Behandlung erfährt. »Artgerecht« heißt, der jeweiligen *Art* des Wesens angemessen. Artgerechte Behandlung bedeutet, daß Ihre Katze den natürlichen Bedürfnissen, Instinkten und Gewohnheiten ihrer Art entsprechend leben kann.

Ich möchte hier den Gedanken über Wohnungskatzen fortsetzen (siehe Kapitel 2). Diese Katzen sagen mir, daß sie sich ihrem Menschen zuliebe einschränken.

Katzen sind ihrer Natur nach Jäger, deshalb laufen sie auf leisen Pfoten. Sie haben Reißzähne und kräftige Hintergelenke, um im entscheidenden Moment die nötige Kraft für einen Beutesprung aufzubringen. Sie leben in der Freiheit im Rudel und begeben sich in eine Rangordnung. Der Kater kommt der Katze nur zur Zeit ihrer Fruchtbarkeit entgegen, ansonsten sind beide Geschlechter Futterkonkurrenten.

Katzen sind aber auch sehr soziale Tiere, sie lecken und pflegen sich gegenseitig und kommen gut in großen Gruppen zurecht. Katzen haben ein ausgeprägtes Revierverhalten und können sich auch, falls in diesem Bereich Mißverständnisse zwischen ihnen entstehen, erbitterte Kämpfe liefern.

Was den so feinen Magen Ihrer Katze angeht: Nicht umsonst sieht man die Zeichentrickkatze Tom (aus »Tom und Jerry«) so häufig gepflegte Mahlzeiten aus der nachbarschaftlichen Mülltonne verspeisen! Ihre Katze ist im Notfall ein Allesfresser – und kann sich, wenn es sein muß, auch von Aas oder Ausscheidungen anderer ernähren.

Ihre Katze ist also ein in der Wildnis ohne Futterschale überlebendes Tier, das sich größtenteils im Rudel bewegt und sein Futter selbst erbeutet. Krank wird Ihr Tier durch zuwenig Auslauf, Industrieernährung, Gifte im Wohnbereich (Teppiche, Dämmstoffe, toxisch belastetes Wasser), Impfungen und durch energetische Altlasten seiner Mitbewohner, der Menschen.

Grundsätzlich gibt es aus meiner Sicht zwei Ursachen, warum ein Tier (oder auch ein Mensch) während seines Lebens erkrankt:

Der Seelenplan eines Wesens (seine Aufgaben für dieses Leben) sieht eine bestimmte Krankheit in dem jeweiligen Leben vor und dient dem Tier als Lernaufgabe. Diese hilft ihm, Karma zu lösen. Die Seele erhält dadurch die Möglichkeit, sich weiterzuentwickeln, und nützt die Krankheit als Weg zur Entwicklung.

Ein Tier erkrankt, weil es sich in seinem Leben mehr den negativen, dunklen Aspekten öffnet und sich so selbst das Licht bzw. die Energie entzieht. Die Krankheit erinnert über den Körper daran, daß die Seele von ihrem Weg abgekommen ist, und versucht, den Lebensweg über den Prozeß der Heilung wieder zu begradigen.

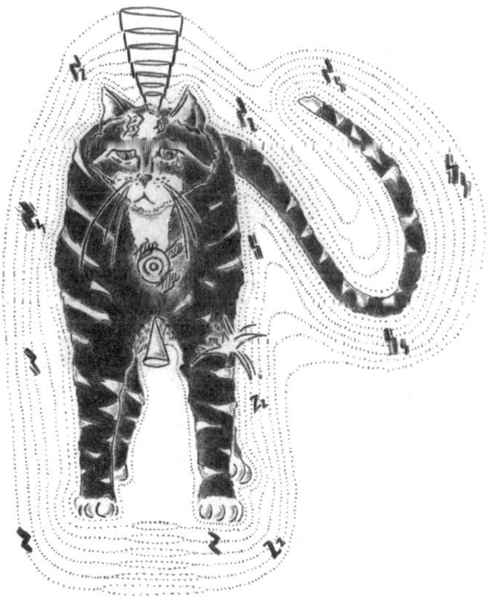

Aura einer kranken Katze

Ich möchte darauf hinweisen, daß in jedem Augenblick dieses Krankheitsprozesses vollständige Heilung möglich ist. Alles, was Sie im positiven Sinn über geistiges Heilen gehört oder gelesen haben, kann tatsächlich passieren. Der Grad der Heilung ist immer abhängig vom Willen des Empfängers. Ist der Mensch der Meinung, daß es gut wäre, wieder gesund zu werden (Tiere haben diese Gedanken nicht), aber nicht den Sinn hinter seinem Leiden sieht, wird es keine Heilung geben. Dieser Mensch hat nicht erkannt, was seine Seele durch das jeweilige Krankheitsbild ausdrücken möchte, er erkennt seine Lernaufgabe nicht.

Sieht der Mensch den tieferen Sinn seiner Erkrankung und kann er diese Erkenntnis verinnerlichen, so wird er vollständig gesunden. Einem Tier sind solche Überlegungen völlig fremd. Sie können sich sicher sein: Ihre Katze möchte *immer* gesund werden.

Warum Ihre Katze krank wird

Die Aura Ihrer Katze schützt deren Körper. Was ist eine Aura und wie kann man sich diese vorstellen? Die Aura ist die Summe aller feinstofflichen Körper. Sie bildet mit sieben verschiedenen Schichten einen eigenen Körper, den so genannten Aurakörper.

Sollten Begriffe wie z. B. Aura oder Aurakörper Sie verwirren, so kann das daran liegen, daß Sie andere Begriffe für die gleiche Funktion kennen. Die Aura zu lesen und zu deuten ist eine Wissenschaft für sich, ich will mich aber bemühen, das Energiefeld Ihrer Katze so einfach wie möglich zu beschreiben.

Die Aura Ihrer Katze

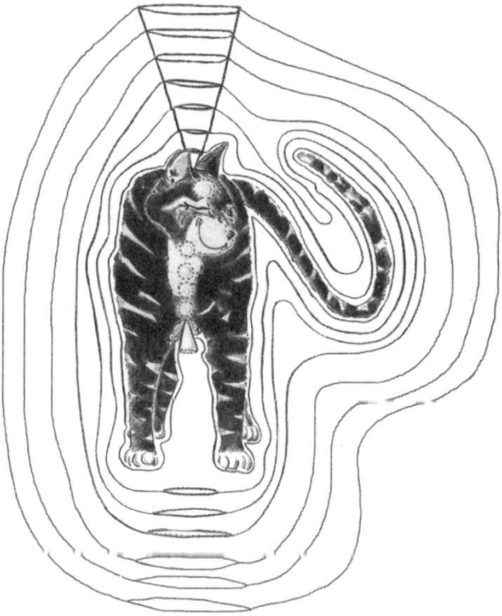

Aura einer gesunden Katze

Die Aura besteht aus sieben Schichten.

1. Der ätherische Körper (erste Schicht, die dem Körper am nächsten gelegene Schicht)

Der Name »ätherischer Körper« bezieht sich auf den Begriff Äther, den Zustand zwischen Energie und Materie. Dieser Körper besteht aus feinsten Energielinien, die eine Art Netz bilden und sich über die gesamte erste Auraschicht ziehen. Diese Linien sind selbst für einen aurasichtigen Menschen nur schwer wahrnehmbar, meist wird nur ein samtig helles Energiefeld wahrgenommen.

Diese Schicht hat die gleiche Struktur und Anordnung wie der physische Körper. In dieser Auraschicht finden wir die feinstofflichen Ebenbilder aller Organe und Systeme, entsprechend ihres Aussehens und ihrer Lage im materiellen Körper. Sollte Ihrer Katze z. B. durch einen Unfall ein Bein entfernt worden sein, so besitzt sie es in diesem feinstofflichen Feld (in dieser Schicht) noch immer und kann dort den so genannten Phantomschmerz empfinden.

Der physische Körper formt sich nach dem ätherischen Körper, diese erste Auraschicht bildet also die Form, und der materielle Körper richtet sich danach. Fast alle Techniken der energetischen und der geistigen Heilung arbeiten über den ätherischen Körper. Mit den jeweiligen Heiltechniken wird die Erkrankung im ätherischen Körper behandelt und der materielle Körper richtet sich nach diesem geheilten Muster aus.

Viele Schamanen und Geistheiler entfernen im Heilprozeß zunächst das marode System aus der ersten Auraschicht, stellen sich vor, dieses zu reparieren, und fügen es dann wieder in die erste Auraschicht ein. Hier bewirkt der Gedanke, daß sich der materielle Körper an dem höher schwingenden Muster der jeweiligen Auraschicht ausrichtet die Heilung. Diese Heiltechniken bewirken immer eine Form von Gesundung, vollständige Heilung ist allerdings immer abhängig von der inneren Bereitschaft des Empfängers.

2. Der Emotionalkörper (zweite Schicht)

Wie der Name schon sagt, ist diese Schicht mit den Emotionen Ihrer Katze verbunden. Diese Auraebene ist dünnflüssiger als die erste Schicht und ihre Struktur ist in ihrem Aussehen mit dem von Wattebällchen unterschiedlicher Größe vergleichbar.

Je nach Helligkeit oder Größe dieser »Bällchen« ist es möglich, Bewegungen im Gefühlsleben eines Wesens zu beobachten. Werden sehr viele Emotionen frei, z. B. bei einer Rückführung, so wandern Energiebälle von innen nach außen, sie werden regelrecht ausgestoßen (werden diese Energien nicht aufgelöst bzw. transformiert, so bleiben sie im Umfeld erhalten und haften sich an das nächste Wesen, das sich durch sie hindurchbewegt, und beeinflussen so dessen Stimmung).

Ist diese Schicht hell und klar, so ist es das Lebewesen auch in seinem Empfinden. Leider werden in dieser Schicht auch alle Formen von Schock oder emotionalen Übergriffen gespeichert. Ob ein Tier eine schlechte Behandlung oder ein Trauma erlebt hat, kann man an dieser Schicht erkennen.

Sehr viele homöopathische Mittel wirken sehr gut in der zweiten Auraschicht und leiten heilende Veränderungen ein, speziell C-Potenzen. Der emotionale Körper hält zusammen mit dem ätherischen Körper und der dritten Schicht, dem mentalen Körper, vor allem schmerzvolle Erfahrungen als Muster fest. Bei Ihrem Tier spreche ich dann von einem chronischen Zustand.

3. Der Mentalkörper (dritte Schicht)

Der mentale Körper beinhaltet alle Vorgänge im Gedankenbereich. Einzelne Gedanken zeigen sich hier als feine Blasen, die auftauchen und sich mit dem thematisch gleich gelagerten Chakra verbinden. Diese Gedanken werden dann mit der zugeordneten Energie gespeist und verstärkt. Möchte z. B. ein Mensch einen Partner finden, so verbindet er diesen Gedanken mit der Energie des Chakras im Solarplexus (Macht/Kraft) und gibt diesen Gedanken mit Druck nach außen.

Gedankenblitze und Ideen sehe ich in dieser Schicht als kleine Lichtblitze. Bei einem sehr vergeistigten Wesen (diesen Zustand kann es durchaus auch bei Tieren geben) ist die dritte Auraschicht sehr weit ausgedehnt. Kommt ein Mensch mit seiner Katze zu mir und stellt mir die Frage, wieso sein Tier nicht spielen möchte, so erkenne ich in der Aura des Wesens häufig ein weites mentales Feld. Das Wesen ist intellektuell veranlagt. Es grübelt mehr und findet sich in seinen eigenen Gedanken. Solch ein Tier wird niemals zum ausdauernden Spielkameraden werden. Das entspräche nicht seinem Charakter.

Immer wiederkehrende negative Gedankenmuster kann man als zähflüssige graue Masse in dieser Schicht wahrnehmen.

Diese Gedankenmuster deuten bei einem Menschen auf einen Charakter hin, der sich gern Erleichterung verschafft, indem er andere mit seinem schweren, düsteren Gedanken belastet. Katzen wirken traurig, depressiv und verlieren das Interesse an ihrer Umwelt.

4. Der Kausalkörper (die vierte Schicht)

Die vierte Schicht, auch »kausaler Körper« genannt, fungiert als eine Art Filter und übertragende Schicht zwischen den ersten drei Auraschichten und den letzten drei Auraschichten. Dabei gibt eine Ursache wie z. B. ein Gedanke den Impuls für die Übertragung, auf die dann eine entsprechende Reaktion (z. B. eine Emotion) erfolgt.

Diese Schicht ist eine Art Übergangsschicht zwischen den drei niederen Körpern, den drei ersten Auraschichten, die dem irdischen Leben zugeordnet sind, und den drei höheren Aurakörpern, die mit der ewigen Suche der Seele nach Wachstum, Heilung und Einswerdung in Verbindung stehen.

Der kausale Körper ist als eine neutrale »Datenautobahn« zu verstehen. Er ist ohne Eigenschwingung und gibt Informationen von den äußeren Schichten nach innen und ebenso von innen nach außen.

Deer Seelenplan für Ihrer Katze wird von der Seele zum hohen Selbst über die äußeren Auraschichten in das Energiefeld des Körpers geleitet. Die äußeren Schichten transportieren diese »Pläne« dann über die Kausalebene in die inneren Auraschichten weiter, und diese bringen sie in die Manifestation.

Mit diesen Informationen können sie besser verstehen, wieso in einem Reading, einer Sitzung, in der im Energiefeld des Klienten gelesen wird, z. B. eine Krankheit wie Krebs diagnostiziert werden kann: Der Aurasichtige liest die Krankheit aus der entsprechenden feinstofflichen Schicht und kann so Aussagen über die Geschwindigkeit und die Ursache treffen, mit der das Krankheitsbild in den materiellen Körper wandert.

Solange sich eine Krankheit nur in den äußeren Auraschichten befindet, kann sie bei guter Zusammenarbeit mit dem Klienten meist ohne große Probleme aufgelöst werden. Hat sich eine Krankheit bereits im Körper manifestiert, d. h., ist sie aus schulmedizinischer Sicht nachweisbar und auch am Körper sichtbar, findet man diese Krankheit auch in allen Auraebenen. Diese Krankheit ist dann dort vollständig manifestiert und zur dauerhaften Heilung ist es nötig, alle Auraebenen zu heilen.

Bei Tieren verläuft dieser Heilprozeß meist wesentlich schneller als beim Menschen, sie sind dankbar und machen sich keine Gedanken oder zweifeln, was den Heilungsprozeß enorm erleichtert.

5. Der hohe ätherische Körper (fünfte Schicht)

Diese Schicht ist die Negativform des ätherischen Körpers. Das bedeutet, sie enthält den Bauplan oder das Negativ der ersten Auraschicht, des ätherischen Körpers.

Sie können sich dies wie einen göttlichen Bauplan, ähnlich der Blaupause eines Architekten vorstellen. Die fünfte Schicht stellt den Bauplan für die erste Schicht und diese wiederum den Bauplan für den physischen Körper dar.

Jede Form von emotionaler und körperlicher Deformation ist auf dieser Ebene sichtbar, denn sie bringt ihre Struktur über die vierte Auraschicht zum Wirken und in die Manifestation in den inneren drei Auraschichten.

Für eine vollständige Heilung ist es unterstützend, diese Körperebene in die Heilbehandlung mit einzubeziehen. Der Heiler behandelt hier die Ursache, und wenn ein Tier gewillt ist, eine Krankheit vollständig abzuschließen, wird mit der Heilung der fünften Schicht auch der chronische Moment aufgelöst.

Würde man nur auf die inneren Auraschichten einwirken, hätten körperliche Symptome immer wieder die Möglichkeit, sich neu zu entwickeln.

6. Der hohe Emotionalkörper (sechste Schicht)

Diese Ebene beinhaltet die Emotionen der Seele und deren Wünsche und Bedürfnisse. Sie ist bestrebt, mit dem Göttlichen eine Einheit zu bilden und sich aus der Abtrennung, die auf der Erde auch emotionale Isolation bedeutet, herauszulösen.

Auch wenn wir uns in einer glücklichen Beziehung befinden und uns geliebt fühlen, so können wir diese Gefühle nur mit der menschlichen Meßskala bewerten. Diese ist durch den Umstand der Abtrennung auf das irdische Fühlen begrenzt.

Der Hohe Emotionalkörper zeigt uns auch, wie sehr ein Wesen auf der wahren Emotionsebene entwickelt ist. Will es geliebt werden, um sich selbst zu spüren (Herzchakra-Ebene), oder spürt es Gott und fühlt sich mit der gesamten Existenz verbunden (das Thymusdrüsenchakra übernimmt dann die Aufgabe des Herzchakras)?

Bei Katzen ist diese Auraschicht besonders ausgeprägt, da sie sehr gefühlvoll sind und zwischen niederen und hohen Daseinsebenen wandeln.

7. Der ketherische Negativkörper (siebte Schicht)

Diese Schicht ist der mentale Aspekt der Seelenebene, die in den Auraschichten wirkt. In ihr ist die gesamte gegenwärtige Inkarnation abrufbar, mit all ihren Verletzungen, Entwicklungen und der jeweiligen Lebensaufgabe. Sie ist wie eine komplizierte Matrix aus goldenem Licht, die alle Auraschichten miteinander verbindet.

Am deutlichsten sichtbar ist auf dieser Ebene die Wirbelsäule in ihrer Aufgabe als Pranakanal, der Energie vom Kronenchakra in alle Chakren verteilt und so die verschiedenen Auraschichten füttert. Der Pranakanal zweigt kurz über dem Ende der Halswirbelsäule in zwei Kanäle ab, die sich in filigrane Fächer aufteilen und so auch die Aura Ihres Tieres mit Prana füllen. Dieser Fächer spendet auch die Energie für eine weitere Aufgabe, die die siebte Schicht trägt: sie wirkt auch als Schutzschicht.

Sie können sich eine Art goldenes Ei vorstellen, welches Sie oder Ihre Katze umgibt und viele negative Energien abwendet, die im täglichen Leben um Sie herum wirken. Wird der Energiefluß eines Tieres geschwächt, wird das Tier krank und zieht die Energie etwas zurück, dann wird auch die siebte Schicht durchlässiger und schwächer.

Dann ist es angreifbarer, auf der Gefühlsebene empfindlicher und emotional schneller berührt.

Der hohe mentale Körper kann durch einen starken Schock geschwächt werden und sich so für Blockaden und Fremdenergien öffnen. Die Breite dieser Schicht erkennen wir im täglichen Leben als Abstand zu anderen Wesen: Wird dieser Raum ohne innere Zustimmung überschritten, empfinden wir dies als »Übergriff«.

Viele Menschen berühren ein Tier, ohne dessen Toleranzabstand zu wahren. Wird ein Hund oder eine Katze dann aggressiv, so wird das Tier bestraft, obwohl es nur seinem ersten natürlichen Impuls, dem der Verteidigung, gefolgt ist.

Kommt eine Katze zu mir in die Praxis, so sind die dazugehörigen Halter oft verwundert, denn in der Regel rede ich nicht auf das Tier ein und berühre es in den ersten zehn Minuten auch nicht. Ich warte ab, bis es mein Energiefeld gescannt hat und ich ein »OK« von ihm bekomme. Wenn ich diese innere Erlaubnis habe, gehe ich auf das Tier zu und berühre es. Dies geschieht in dem Bewußtsein, daß der Halter Antworten und Lösungen für Probleme wünscht. Ich bin auf die Antworten des Tieres angewiesen und muß bei ihm vorsprechen und von ihm respektiert werden.

Ich bin der festen Überzeugung, daß viele aggressive Reaktionen von Tieren gegenüber Menschen zu vermeiden sind. Strapazieren wir ein Tier und engen es ein, nerven wir z. B. einen großen Hund in einer kleinen Wohnung mit einer angespannten Beziehung zu einem Partner und einem schreienden Baby, reibt sich dessen Nervenkostüm auf. In der Folge lösen sich auch seine Schutzschichten, denn die Menschen in seiner Umgebung absorbieren auch unwissentlich seine Energie. Ist die Aura erst einmal schwach, wird jedes Wesen reizbar und empfindlich.

Immer mehr Tiere kommen mit autoaggressiven Verhaltensweisen in meine Praxis. Sie zerstören sich lieber selbst, als Menschen anzugreifen. Diese Tiere beißen sich Pfoten und Haut auf und stehen unter permanenter Spannung. Wie sich die Gefühle von Tier und Mensch gegenseitig verstärken und Leid verursachen können, möchte ich in der folgenden Geschichte darstellen.

Der Dackelmischling

Eine meiner tiefgreifendsten Erfahrungen mit einem autoaggressiven Tier liegt nicht lange zurück: Ein Hund kam in meine Berliner Praxis und setzte sich alle zwanzig Zentimeter hin, um die Ballen seiner Pfoten aufzureißen, bis sich eine breite Blutspur durch die Praxis zog.

Das Tier zitterte und stand unter großer innerer Spannung, was mir seine Augen und die Farbe seiner Aura (ein leuchtendes Rot gemischt mit Schwarz) verrieten. Als der kleine Dackelmischling erneut zu beißen begann, schlug seine selbst sehr labile Besitzerin mit dem harten Kunststoffgriff ihrer Hundeleine auf den Kopf des Tieres. Der Hund heulte auf und fiel wieder für einige Minuten apathisch in sich zusammen.

Sie können sich sicher mein Entsetzen vorstellen. Einen Gefühlsausbruch der Halterin gegenüber konnte ich mir nicht erlauben, da sie aus Scham und Schuldgefühl sicherlich keine Hilfe für das Tier mehr bei mir suchen würde.

Die Halterin, selbst angespannt und nervös, erklärte mir, sie könne es nicht mit ansehen und ertragen, wie ihr Hund sich beißen würde. Dies sei der Grund für die Schläge, die sonst sehr selten wären.

Der kleine Hund erzählte eine andere Geschichte: von einer heulenden, hysterischen Frau, die sich nicht unter Kontrolle hatte und von der er abhängig war.

Er litt zutiefst und sein Schmerz schnürte mir die Luft ab. Ich fragte ihn, ob ich einen andern Platz für ihn suchen sollte, und in meinen Gedanken rief ich schon die Polizei an und zeigte die Frau für ihre Mißhandlungen an. Das kleine, gekrümmte Wesen vor mir jedoch erklärte mir, daß es seine Aufgabe sei, diesen Weg mit seiner Halterin zu gehen.

Dieses Tier hatte keine siebte Auraschicht mehr und alle anderen feinstofflichen Körper waren nur noch fragmentarisch vorhanden. Sein Mensch hatte seine Energie aufgebraucht, und er hatte keinen Schutz mehr. Ich verschrieb mehrere naturheilkundliche Mittel für Frau und Hund, und ich drohte auch mit einer Anzeige, falls mir solche Übergriffe noch einmal bekannt werden sollten. Danach versuchte ich, der Frau mit Übungen und Verhaltenstechniken aus dem NLP zu helfen, ihre Emotionen besser zu kontrollieren, denn ich spürte auch ihre Liebe für den kleinen Vierbeiner.

Wie so oft dachte ich nach dieser Sitzung an Gottes langen Arm, der für jeden und alles Gerechtigkeit bringt.

Was macht die Aura der Katzen so besonders?

Die Einzigartigkeit der Katzenaura haben Sie in der irdischen Ausdrucksform sicherlich bereits bemerkt: Das Wesen der Katze, das sich durch ein scheinbar ewiges Verharren mit den Augen auf den Menschen mit einer Eindringlichkeit vermittelt, welche viele als unheimlich oder schwer einzustufen beschreiben. Diese Besonderheit, in andere Wesen einzudringen, ja sie manchmal sogar zu bedrängen, steht auch in Verbindung mit den von Katzen am meisten genutzten Auraschichten. Ich spreche von der dritten und siebenten Auraschicht. Wie Sie bereits erfahren haben, sind diese Schichten für alle mentalen Zusammenhänge verantwortlich.

Ihre Katze ist unter den Tieren außergewöhnlich in der Nutzung dieser Ebenen, sie zieht ihre Energie in die genannten Schichten zusammen und ist in der Lage, dieses energetische Feld zu potenzieren. Sie lädt es mit Prana auf und sendet es in den sie umgebenden Raum.

Katzen steigern so ihre eigene Feldenergie. Und das können diese Tiere so gut, daß ein solches Energiefeld oft zwanzig bis vierzig Jahre lang bestehen kann.

Für Menschen ist dieser Vorgang kaum wahrnehmbar, für andere Haustiere jedoch schon. So haben sensible Hausgenossen oft große Probleme beim Umzug in ein neues Heim, in dem vorher Katzen gelebt haben. Sie spüren immer noch deren Energiefelder und müssen ihr eigenes Feld, welches bei Hunden oder Vögeln etc. meist wesentlich schwächer ausgeprägt ist, über das bestehende energetische Feld legen. Dies kann ein Tier sehr viel Kraft kosten.

Als Tierkommunikator kann ich dieses Feld im Sinne des »neuen Tieres« auflösen, ohne dabei das ausgezogene oder verstorbene Tier zu verletzen.

Diese Feldenergie ist im übrigen auch der Grund dafür, daß immer mehr Katzen scheinbar unkontrolliert urinieren. Ihre Aura wird durch diese fremden energetischen Felder geschwächt und sie erinnern sich an das Natürlichste, um sich zu schützen: ihre Geruchsmarken.

Auch in anderer Hinsicht ist diese speziell von Katzen gebildete Energie interessant. Wenn ich z. B. nach einer verschwundenen Katze suche, so kann sie unter Umständen schon verstorben sein, aber ihre Feldenergie noch so stark aussenden, daß ich den Unterschied nicht immer feststellen kann.

Dieses Problem tritt bei anderen Tieren nicht auf, denn ihre Feldenergie verliert sich in der Regel beim Tod sehr schnell, da auch diese an die mentalen Fähigkeiten eines Wesens gebunden ist. Löst sich mit dem Tod die Lebensenergie des Wesens, so verblaßt auch die Feldenergie.

Aura und Chakren

Die Aura Ihrer Katze wird von universeller Energie, dem *Chi* oder *Prana,* gespeist. Dieses Prana fließt durch den Pranakanal in das Kronenchakra ein, weiter den Pranakanal hinab und verteilt sich über die einzelnen Chakren.

Der Einfachheit halber sollten Sie sich Tiere immer auf zwei Beinen stehend vorstellen, dies erleichtert das Finden der Chakren und die Arbeit mit der Aura sehr. Die einzelnen Chakren ziehen sich durch alle Auraschichten.

Hat ein Wesen nur wenig Bezug zu seiner Seele und versteht es sein Leben nur als einen Ablauf von Essen, Schlafen und Arbeit, dann werden die äußeren Schichten auch nicht mit Prana versorgt. Das Wesen braucht sie nicht und benutzt diese Schichten auch nicht, sie liegen brach.

An dieser Stelle sage ich meinen Schülern immer, sie sollen sich einen leeren Luftballon vorstellen: Ist genügend Luft (Prana) vorhanden, so wird der Ballon befüllt. Ist dagegen kein Prana vorhanden, so wirkt er wie eine leere, tote Haut.

Bis vor einigen Jahren waren viele Heiler und Hellsichtige nicht in der Lage, mehr als zwei oder drei Auraschichten zu sehen. Das heißt nicht, daß diese weiteren Schichten nicht vorhanden waren. Es ist vielmehr so, daß die Menschen einen bestimmten Grad der Hellsichtigkeit und Klarheit noch nicht erreicht hatten und deshalb diese Schichten nicht wahrnehmen konnten. Heute ist das zunehmend der Fall. Der Grund hierfür ist, daß die Erde ihr Energiefeld erhöht und sich dies auch positiv schwingungserhöhend auf die Menschen auswirkt.

Früher war man der Meinung, es gäbe zu der jeweiligen Auraschicht eine feste Farbzuordnung. Ich kann diese angeblich feste Farbzuordnung jedoch nicht bestätigen: Verschiedene Schichten haben zwar Tendenzen, in bestimmte Farbrichtungen zu gehen, sie verändern sich aber auch ständig. Deshalb ist es sinnlos, ihnen bestimmte, feste Farben zuzuordnen.

Für mich ist es beim Aurasehen wichtig, Farben und deren Schwingungen, also Positiv- wie Negativanteile, zu erkennen. Dies ermöglicht es mir, alle Nuancen in einer Aura zu lesen und dadurch wirklich zu erkennen, in welchem Zustand (körperlich, geistig, feinstofflich) sich ein Tier befindet. Früher wurde beispielsweise die Farbe Rot auf das Wurzelchakra beschränkt und dem Thema Sexualität, Aggression und Wut zugeordnet. Sehe ich dagegen bei einer Katze »rot«, so kann es sich dabei, je nach Intensität und Vorhandensein anderer Farbanteile, um Lebensfreude, Kraft, Leidenschaft, eine akute oder chronische Entzündung, eine geistige Eingebung oder auch Verliebtsein handeln. Nachfolgend beschreibe ich verschiedene Aurafarben und deren mögliche Bedeutungen:

Farben in der Aura

Weiß: Göttliche Energie, Reinheit, Apathie, Übergang vom Leben in den Tod, hohe Schwingung, Bedürfnislosigkeit

Gelb: Kraft aus der eigenen Mitte heraus, Belastung des

Nervensystems, Vergiftung, Hunger, meditativer Zustand, Ohnmacht in Verbindung mit Wut (Gelb-Rot)
Gold: Spiritualität, Wachstum, Segen, Schutz
Orange: Spiritualität (Mönchskutten), gewollte geistige Entwicklung, Schock, alte Verletzungen, latente Aggression, Ohnmacht, chronische Wut, Hoffnung
Rot: Hingabe, Liebe, Leidenschaft (Tantra), Geldfluß, Schmerzen, akute oder chronische Entzündungen, Mißbrauch, Angst verbunden mit dem Gefühl, weglaufen zu wollen, tiefer Hass, Glaube
Violett: Transformation, Heiligkeit, Annahme von Neuem, Lernen, Verlassen des Körpers, Loslassen im Sinne von Verzeihen, Demut
Blau: mentale Kraft, Manipulation, Weisheit, sexuelles Entsagen, Meditation, Grübeln, Einsamkeit, Lernen, Überlegenheitsgefühl
Grün: weibliche Führerschaft, Suche nach Freiheit und eigenem Raum, Verschleimung der Atemwege, die Aurafarbe des praktischen Heilers, das Wesen erfährt sich durch die Hilfe, die wir anderen geben, Absterben eines Organs, nekrotes Gewebe (bei Übergang in Schwarz)
Grau: Zurückgezogenheit, Unklarsein, Isolation, Trauer , Verlust, Depression, Tränen fließen, den Körper nicht mehr spüren, Verwirrung
Silber: Verbindung mit der Seele (bewußt) und die Möglichkeit, hohe Schwingungen zu produzieren, Einheit, Isolation
Türkis: Kommunikation, Nervosität, braucht viel Berührung, verliert sich in Anderen, Schauspieler, Traumtänzer, Verbindung zu Lemurien, Wissensdurst
Schwarz: Abwesenheit von Licht, Zerstörung von Zellen, Abwenden von Gott
Braun: Unklarsein, ältere Gefühle von Wut, die nicht ver-

Erster Kontakt: Begegnen Sie einer Katze voller Liebe und Respekt, wenn Sie ein Gespräch beginnen.

Herzkommunikation: Über das Herzchakra ist es am einfachsten mit Ihrer Katze in einem Gespräch Kontakt aufzunehmen. Jeder spürt die Liebe des andern und öffnet sich der Kommunikation.

Die Aura Ihrer Katze ist am leichtesten mit leicht federnden Bewegungen von außen nach innen, zum Körper der Katze, zu spüren.
Wenn Sie etwas Übung haben, erkennen Sie die unterschiedlichen Schichten, die die Aura bilden.

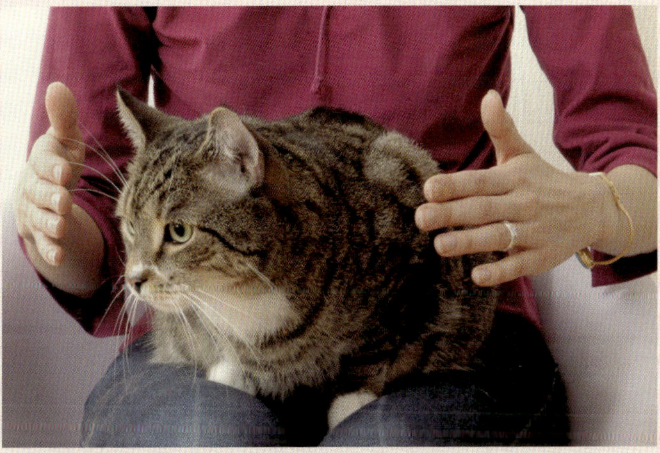

Fühlen der Chakren:
Die Chakren stehen in enger Verbindung mit den Organen Ihrer Katze. Mit leichten, entspannten Berührungen können Sie diese abfühlen und so den Körper des Tieres besser verstehen.

Mit Magnified Healing oder Reiki können Sie das Energiefeld ausgleichen. Ihr Tier kann so entspannen und ist zugänglicher für ein Gespräch.

Während ich ihr Photo betrachte, nehme ich telepathischen Kontakt mit einer Katze auf, parallel mache ich mir Notizen zu dem Gespräch.

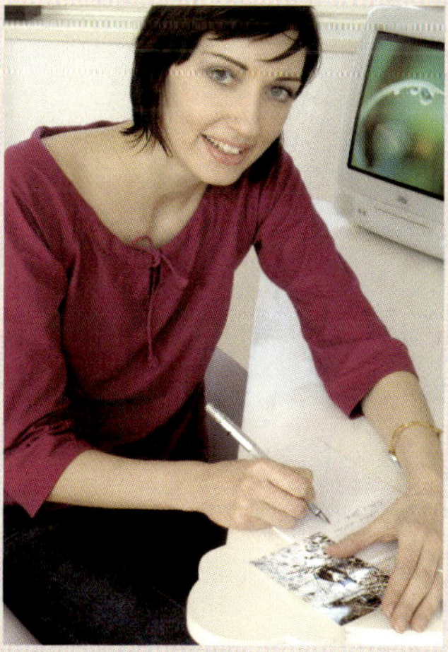
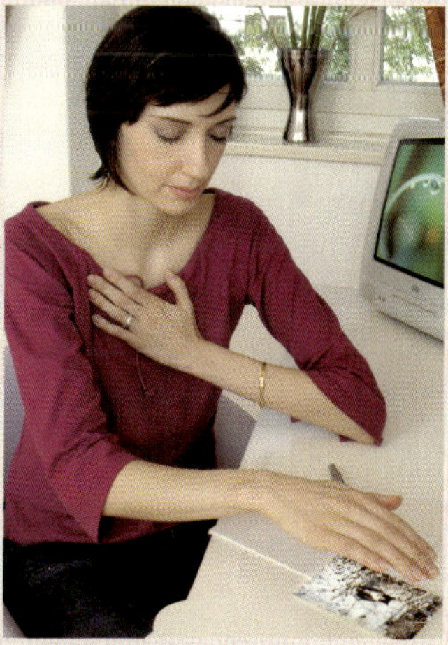

*M*it der Gabe von Heilenergie wie Magnified Healing harmonisiere ich das Energiefeld und kann so Schmerzen lösen.

*I*n dem ich die Akkupunkte des Tieres mit leichtem Druck behandle, gleiche ich die Energieströme in seinem Körper aus.

*H*ier fließt gezielt Reiki aus den Händen und gleicht das Kronenchakra aus. Die Katze kann so Spannungen und Aggressionen abbauen.

*M*it dem Biotensor teste ich das passende homöopathische Mittel über dem Foto des Tieres aus.

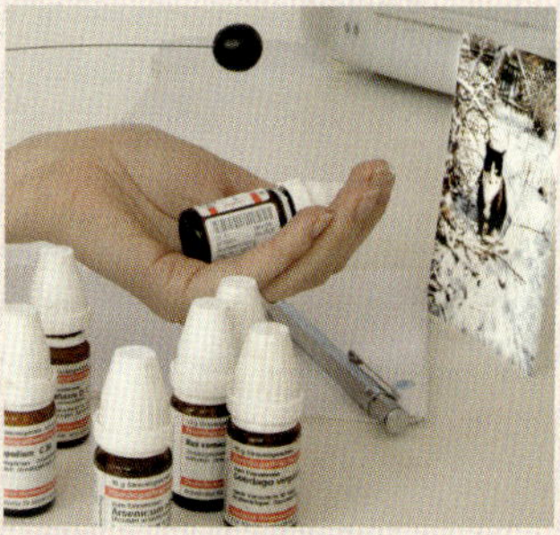

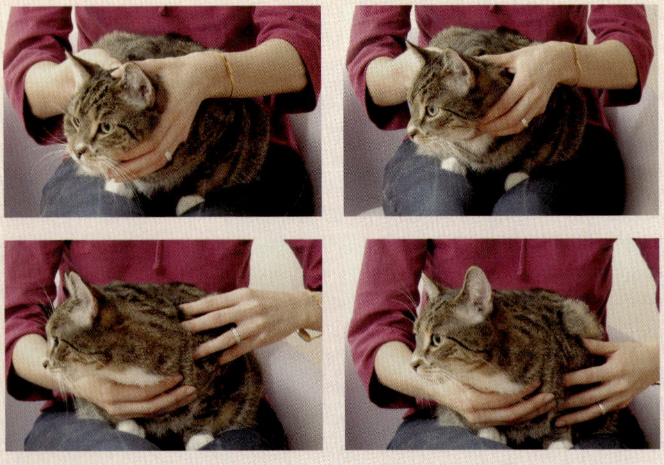

Sunrise Touch: Bestimmte Meridianpunkte werden mit einer Kombination aus Energie und Berührung aufgeladen. Das Tier aktiviert so seine Selbstheilungskräfte.

Es gibt viele Meditationshaltungen; die hier gezeigten empfehle ich für Anfänger.

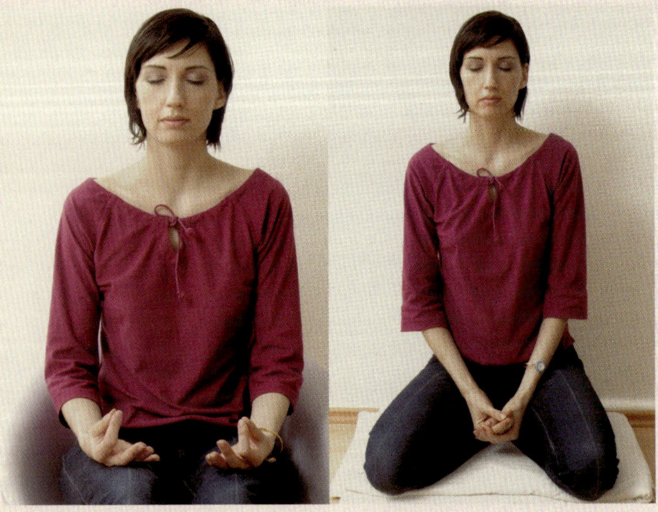

arbeitet wurden, nicht vergeben können, Gefühle sterben ab, Hoffnungslosigkeit
Pastellfarben: kindliche Reinheit, einfaches, direktes Fühlen, Einheit – Die Pastellfarben müssen immer in Verbindung mit der jeweiligen Grundfarbe gesehen werden.

Da die Aura und Chakren je nach einfließender Energie ihre Farbe wechseln, ist es gut möglich, daß sich die Aura einer Katze täglich und sogar stündlich verändert. Nur die so genannte *Seelenaura* bleibt während eines Lebens unverändert. Diese Aura ist so etwas wie eine Grundaussage der Lebensaufgabe und des Charakters sowie der persönlichen Entwicklung.

Sehr positiv ist es, wenn ein Wesen es schafft, seine tägliche Aura in der Frequenz der Seelenfarbe zu halten. Eine solche Katze ist sozusagen eins mit ihrer Lebensaufgabe und lebt diese auch. Dies kommt leider fast nur bei frei lebenden Tieren vor, da deren Emotionen nicht von denen anderer Wesen überlagert werden.

Wenn Sie über längere Zeit geübt haben, die Aura Ihres Tieres zu sehen und mit Ihrer Katze zu kommunizieren, so werden Sie sehen, daß sich die Farben der Katzenaura während der Kommunikation verändern. Sie können dann auch auf dieser Ebene sehen, daß Ihre Katze zu Ihnen spricht.

Übungen zum Aurasehen bei Ihrer Katze

Übung 1

Warten Sie bis Sonnenuntergang und setzen Sie Ihre Katze vor eine weiße Wand. Lassen Sie das Licht möglichst von hinter ihrem Rücken einfallen. Atmen Sie mehrere Male ein und aus und blicken Sie entschlossen, aber entspannt, möglichst nahe am Fell an Ihrer Katze vorbei. Sie werden jetzt einen feinen weißen Schimmer erkennen, der das Tier umgibt und der Teil seiner Aura ist. Es handelt sich dabei um die so genannte Zellabstrahlung, die wir bei allen Lebewesen, übrigens auch bei Pflanzen, beobachten können.

Diese Abstrahlung zeigt uns, je nach der Ausprägung ihrer Stärke, wie viel Licht ein Wesen in seinen Zellen speichern kann. Bei einem kranken oder wenig hoch entwickelten Wesen ist dieses Licht kaum sichtbar. Sehen Sie ein weit entwickeltes Tier vor sich, so erkennen Sie unter Umständen sogar ein breites weißes Band. Wenn dies der Fall ist, kann der Körper Licht sehr gut absorbieren und halten. Es handelt sich dann um einen reinen Organismus.

Stirbt ein Wesen mit solch einem Körper, so setzt der Verfall verlangsamt ein. Der materielle Körper wird von seinem Lichtkörper getragen, und dieses Licht verzögert die Zersetzung.

Übung 2

Begeben Sie sich in einen entspannten Zustand, indem Sie einige Male ruhig ein- und ausatmen. Schließen Sie die Augen und visualisieren Sie die Farbe Schwarz. Sie können sich auch eine riesige schwarze Leinwand vorstellen.

Wenn Sie diese Fläche sehen können, visualisieren Sie Ihre Katze. Versuchen Sie, mit dem ersten Gefühl, welches Sie mit dem Bild erreicht, eine Farbe zu verbinden.

Lassen Sie sich fallen und spüren Sie tief in diese Farbe hinein. Lassen Sie die Farbe zu sich sprechen, spüren Sie ihre Transparenz, ihren Geruch und ihre Aussage. Versuchen Sie dann, noch weitere Farben zu erfühlen.

Sie können beide Übungen natürlich auch mit anderen Tieren oder Menschen ausprobieren.

Wichtig ist, daß Sie bei diesen Übungen Ihr Gehirn mit seinen Einschränkungen und Was-wäre-wenn-Gedanken ausschalten. Jeder kann Aurafarben sehen, die Frage ist, ob Sie es sich erlauben!

Wenn Tierfreunde bei mir nach der Ausbildung zum Tierkommunikator anfragen, so ist es schwer für sie zu glauben, daß sie in nur wenigen Stunden lernen können, die Aura von Tieren zu sehen.

Die Aura eines Tieres und die dazugehörigen Schichten deuten zu können ist sehr nützlich, da es auch Tiere gibt, die aus Angst oder einfach, weil es ihrem Charakter entspricht, nicht gesprächig sind. Auch in diesem Fall kann man ihre Aura lesen. Sie ist wie ein offenes Buch. Ihre Feinheiten wahrnehmen zu können ist natürlich eine Frage der Übung.

Es ist weiterhin möglich, die Aura eines verstorbenen Tieres über ein Foto zu lesen. Dies ist etwas schwerer, da der Kommunikator in einem sich auflösenden Feld arbeiten muß.

Oft läßt sich so eine nicht erkannte Krankheit noch feststellen oder alte Schocks für die gegangene Seele lösen. Wenn eine Katze in ihrem Leben völlig im Reinen mit sich selbst war und ihre Aufgabe gelöst hat, so ist keine Aurafrequenz mehr wahrnehmbar. Sie hat dann alles transformiert und zu Einheit geführt. Dies ist für ein Wesen sehr positiv.

Die Chakren

Chakren sind feinstoffliche Energiezentren, die Energie in die Aura einspeisen. Die sieben Hauptchakren verlaufen entlang der Wirbelsäule. Sie sind den grundsätzlichen irdischen Lebensthemen zugeordnet.

Energiefeld eines Katzenwelpen

Es gibt neben diesen Hauptchakren auch höhere Chakren und so genannte Nebenchakren. Bevor ich weiter auf die Hauptchakren und deren Funktionen eingehe, möchte ich kurz auf die weiteren Chakraarten eingehen:

Die höheren Chakren – Drüsen

Alle Drüsen sind höhere Chakren und aktivieren sich in ihrer Eigenschaft als Energieverteiler erst dann, wenn wir eine gesteigerte spirituelle Entwicklung gemacht haben.

Bei Ihrer Katze sind die höheren Chakren von Geburt an aktiv. Sie sind an die Schwingung der Seele in dem gewählten Leben gebunden, das bedeutet, daß Ihre Katze mit einem hohen Seelenbewußtsein in diesem Leben inkarnieren kann.

Bei einem Tier, das mit den Hauptchakren und funktionierenden Nebenchakren lebt, können die höheren Chakren erweckt werden, wenn im Lebensraum des Tieres geistiges Wachstum stattfindet. Mit anderen Worten: Fängt der Mensch an, sich zu entwickeln, bekommt das Tier durch diese Öffnung automatisch auch mehr Energie, und das feinstoffliche System beginnt, die Drüsen als Chakren zu aktivieren.

Jeder Drüse ist ein bestimmtes Aufstiegsthema zugeordnet, also ein Thema der individuellen spirituellen Evolution. Diese Themen hier weiter auszuführen, würde den Rahmen dieses Buches sprengen.

Nebenchakren

Es handelt sich bei den Nebenchakren um Energiezentren, die zum größten Teil auf Meridianschnittpunkten liegen und die Organe und Körperteile mit Energie versorgen. Bei Ihrer Katze finden Sie diese an den Ellenbeugen, den Gelenken, unter den Achseln, auf den Pfoten usw. Hat Ihr Tier eine Verletzung, so staut sich Energie auch in diesen Chakren, und die Aura wird stärker belastet. In der *kleinen Anordnung* spreche ich von 32 Nebenchakren, lerne aber immer noch neue kennen und vermute bis heute weit über 1000 an einem tierischen oder menschlichen Körper.

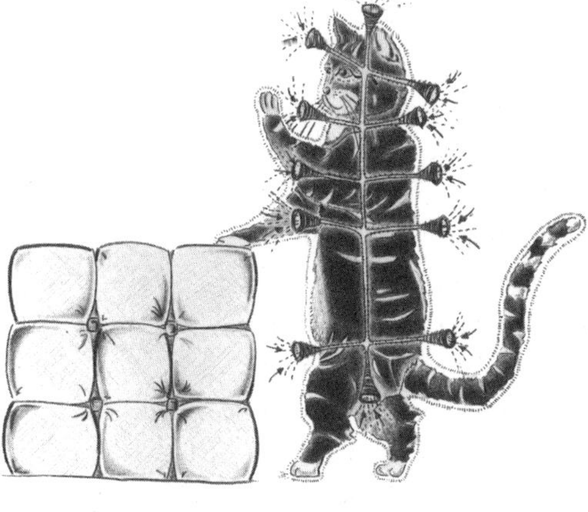

Funktionierende Chakren einer erwachsenen Katze

Die Hauptchakren

Das Kronenchakra

Dieses Chakra steuert den Energiefluß für die anderen Chakren und wirkt als Filter für freie Energien aus dem Universum. Ist Ihre Katze sehr mental veranlagt, so arbeitet dieses Chakra weit geöffnet und versucht, soviel Energie wie möglich in den Körper einzuspeisen. Ist dieses Chakra verkümmert, so bedeutet dies, daß ein Wesen seine Anbindung und den Glauben an Gott verloren hat.

Themen des Kronenchakras: Suche nach Gott, guter Energiefluß, spirituelle Kraft, Verbindung mit der Seele, dem hohen Selbst

Farbe: Tiefviolett oder Weiß

Körperliche Zuordnung: Gehirn und Herz, Wirbelsäule

Das Stirnchakra oder »drittes Auge«

Das »dritte Auge« steht immer in Verbindung mit den hellsichtigen Fähigkeiten. Es ermöglicht, auf einer anderen Ebene zu sehen und dieses Sehen auch zu ertragen. Dieses Chakra beginnt dann zu arbeiten, wenn das Herz der reinen irdischen Bedürftigkeit entwachsen ist.

Themen: Hellsichtigkeit, die Wahrheit sehen und erkennen wollen, mentale Kraft, Energie geistig gerichtet einsetzen, ein bewußtes Leben führen

Farbe: Dunkelblau

Körperliche Zuordnung: Hypophyse, Zirbeldrüse, Augen, Hemisphären (Gehirnhälften)

Das Halschakra

Hier geht es um das Thema, die eigene Wahrheit auszusprechen und sich als das, was man wirklich in diesem Le-

ben ist, darzustellen. Wird dieses Chakra richtig genutzt, dann drückt es die göttliche Weisheit auf Erden aus.
Themen: Blockaden und Halsentzündungen bei der Weitergabe von alten angelernten Wahrheiten, die Energie von Gott mit dem Herzen verbinden, Wissen und Fühlen in Verbindung bringen
Farbe: Königsblau
Körperliche Zuordnung: Kehlkopf, Hals, Stimmbänder, Schilddrüse, Speiseröhre

Das Herzchakra

Das Grundgefühl des Herzchakras lautet: Ich nehme mich in diesem Leben an und entwachse meiner Bedürftigkeit. Wird dieses Chakra klar, so gelangt das Wesen vom *Habenwollen* zum *Geben und Teilen*.
Weitere Themen: Spirituelle Suche nach sich selbst, die eigene Heilung, seinen Raum einnehmen, weibliche (Yin-) Anteile, vom Mitleid in das Mitgefühl kommen (Herzchakra wechselt mit den Hauptfunktionen zur Thymusdrüse)
Farbe: Olivgrün
Körperliche Zuordnung: Herz, Thymusdrüse, Lungen, Bronchien

Das Solarplexuschakra

Die Hauptthemen dieses Chakras sind: die eigene Kraft dem Wachstum der Seele zu widmen, Macht und Kraft dazu zu nutzen, Licht auf die Erde zu bringen, ausgeglichen zu sein und Harmonie zu bringen. Dieses Chakra ist in einem Körper der Mittelpunkt zwischen Himmel und Erde. Als solches öffnet oder verschließt es die jeweils andere Ebene.
Weitere Themen: Das Nervensystem, in der eigenen Mitte sein, Zufriedenheit, Einheit, Liebe spüren und weiter-

geben können, Verzweiflung und Verlust, Beginn einer Krankheit durch Verlust des Lebenswillens, Manipulation
Farbe: Sonnengelb
Körperliche Zuordnung: Magen, Darm und Galle

Das Sakralchakra

In diesem Chakra liegt die Leidenschaft für die Suche nach Gott. Hier entsteht die Kraft, sich gegen den eigenen Schmerz zu wehren und das Thema Ohnmacht loszulassen.

In diesem Chakra kann man am deutlichsten körperlichen wie seelischen Mißbrauch erkennen. Erleidet ein Wesen einen schweren Schock, so löst es die seelische Verbindung zum Körper über das Sakralchakra. Die Seele entweicht dann über die linke Körperseite, die so genannte ätherische Spalte. Dasselbe geschieht auch beim Verlust des Bewußtseins oder im Koma.
Weitere Themen: Aufbruch, Umbruch, Schock, Machtmißbrauch, Lebenswille, der nicht mit Herzensenergie verbunden wird, latente Wut, Frust, gebrochener Wille
Farbe: Orange
Körperliche Zuordnung: Darm, Niere und Leber, Milz

Das Wurzelchakra

Das Wurzelchakra ist der Sitz der Lebenskraft, auch weil es bei guter Erdverbundenheit eine Verbindung bis in dem Mittelpunkt der Erde hat.

Das Wurzelchakra entwickelt sich als erstes energetisches Zentrum nach der Befruchtung im Mutterleib. Es steuert die energetischen Lebensimpulse so lange, bis sich die andern Energiezentren an der Wirbelsäule ausbilden und zu wachsen beginnen.

Dieses Chakra ist als einziges noch aktiv wenn sich ein

Lebewesen völlig von Gott losgesagt hat. Wird eine Katze gequält und ihr ständig alle Liebe entzogen, so löst sich, wie wir mittlerweile wissen, die Aura langsam auf. Sie kann nicht mehr ausreichend mit Energie versorgt werden und bildet keine intakten Aurakörper mehr. Diese Katze schaltet nun auf den energetischen Überlebensmodus, sie lebt von Schwingungsimpulsen im Wurzelchakra und zieht ähnliche Überlebensenergien an. Es kommt zu einer Überstimulation und Entladung, das Tier fühlt sich gereizt und wird aggressiv. Aber auf diese Weise kann es die Seele im Körper halten und auf eine Heilung der Aura hoffen. Es zwingt es dazu, sich selbst zu spüren, um den Körper nicht zu verlassen. Diese Vorgänge können wir besonders gut bei den so genannten Kampfhunden (ich verabscheue diesen Begriff) beobachten.
Weitere Themen: Kraft, Aufbau, Geburt und Entstehen, Willenskraft, Kraft zur Heilung, Wut, Entgrenzung, Hass, Zerstörung
Farbe: Rot
Körperliche Zuordnung: Geschlechtsapparat, Lendenwirbelsäule, Rute

Um den Aufbau eines Chakras zu verstehen, hilft diese Zeichnung:

Wir sehen hier, daß ein Chakra aus vielen feinen Energiekanälen zusammengefügt ist, die Nadis genannt werden. Diese Nadis münden in einem schmalen Trichter, dessen Spitze in den Pranakanal der Wirbelsäule übergeht. Das weite Ende erweckt durch die vielen feinen Nadis den Eindruck einer Blüte oder Koralle, deren feine Bewegungen sich zu öffnen und zu schließen scheinen.

Die Farben innerhalb eines Chakras können variieren, je nachdem, welcher Impuls gerade hineingeleitet wird. Alle Chakren verbinden sich auf jeder Auraschichtebene zu einem feinen Netz und tasten alles, was sich von außen nach innen bewegt, ab.

Bei Entspannung werden die Chakren weiter und öffnen sich, so zum Beispiel bei einer Meditation. Bei dichten Energien schließen sie sich etwas, um als eine Art Filter gegen die Energien von außen zu wirken. Die Chakren sind es auch, die einen Tierkommunikator vor jedem Gespräch abtasten und der Katze signalisieren, daß alles in Ordnung ist.

Da jedes Wesen dieselben Chakren auf der Rückseite der Wirbelsäule hat, »fühlen« wir auf unserer Rückseite, am Rücken. Doch durch das oft erzwungene enge Zusammenleben ist dieser hintere Schutz und Tastmechanismus bei vielen Wesen verkümmert.

Ein Chakra kann auch Verletzungen erleiden. Wenn Ihre Katze z. B. am Herz operiert wird, so werden ebenfalls die Meridiane (siehe Traditionelle chinesische Medizin, Anhang C) verletzt, und natürlich auch das Herzchakra. An dieser Stelle ist der optimale Schutz der Aura für eine Weile nicht mehr gegeben. Da sich alle Chakren selbst regenerieren, ähnlich wie die Haut nach einem Schnitt wieder verheilt, reguliert sich solch eine feinstoffliche Verletzung von selbst. Aura-Soma-Farböle und Handauflegen regen diese Heilung an und schließen die Wunde im feinstofflichen Bereich schnell.

Bemerkenswert ist, daß die durch eine im schulmedizinischen Bereich entstandene Behandlung hervorgerufene Wunde im feinstofflichen Feld das Wesen oft mehr belastet als die eigentliche Krankheit selbst.

Die Chakren Ihrer Katze reagieren auch auf feinste

Stimmungsveränderungen und seelische Verletzungen. Bei Trauer ziehen sie sich zusammen und werden klein, bei Freude und dem Empfinden von Liebe öffnen sie sich.

Stirbt der Katzengefährte Ihres Tieres, so lösen sich feine Energiebänder, die die Tiere miteinander gebildet haben, nach und nach auf. Dies geschieht in beiderseitigem Einvernehmen und hilft dabei, die Energiefelder, die sich im Laufe eines Zusammenlebens aufeinander einschwingen, zu lösen.

Stirbt ein Tier durch einen Unfall, so werden diese Energiebänder aus den Chakren gerissen und verursachen bei den hinterbliebenen Wesen (Menschen und Tieren) seelische und durchaus auch körperliche Schmerzen. Da wir Menschen meist über eine Liebesverbindung – also von Herzchakra zu Herzchakra – mit unseren Tieren verknüpft sind, schmerzt uns die gewaltsame Lösung dieses Bandes besonders. Der Mensch hat sprichwörtlich das Gefühl, es wäre ein Teil aus ihm herausgerissen worden, denn er hat ja auch wirklich Löcher in seiner Aura. Da das Chakrensystem diese Wunden von selbst schließt, verschwinden nach und nach auch seelische und körperliche Schmerzsymptome.

Probleme gibt es dann, wenn wir in der stärksten Trauerphase versuchen, unser normales, alltägliches Leben aufrechtzuerhalten. Wenn Sie mit solch einer energetischen Wunde einkaufen gehen, fangen Sie sehr viele negative Energien auf, vor denen Sie normalerweise eine geschlossene Aura schützen würde. Diese negativen Energien legen sich in das geöffnete Energiefeld und werden von der sich wieder schließenden Aura eingeschlossen.

Um dies zu verhindern, gab es einst den so genannten Bardo. Der Bardo bezeichnete drei Tage der Trauer und des Abschieds, an denen sich die Hinterbliebenen zurückzogen, meditierten und sich Zeit für ihre Gefühle nahmen. In diesen drei Tagen hatte das Energiefeld die Möglichkeit, sich in einem geschützten Rahmen wieder zu schließen und zu heilen.

Ich kann diese drei Tage des Bardo bei jedem Verlust eines Wesens empfehlen. Es hilft beiden Seiten, sich mit der neuen Situation auseinanderzusetzen und Heilung zu erfahren.

Übung zum Spüren der Chakren Ihrer Katze – Fühlen des Energiefeldes

Waschen Sie sich Ihre Hände und stellen Sie sich dabei vor, wie ein violettes Feuer alle belastenden Energien fortnimmt und diese umwandelt und verbrennt.

Nehmen Sie eine entspannte Haltung ein. Meditieren Sie am besten. Ihre Katze sollte entspannt vor Ihnen liegen, gespielt und gefressen haben.

Nehmen Sie jetzt die linke Hand langsam nach oben, atmen Sie entspannt weiter und senken Sie sie bis sie ungefähr einen halben Meter vom Körper Ihrer Katze entfernt ist. Fühlen Sie nun in einer fächerartigen Bewegung ganz sanft vor und zurück, bis Sie einen leichten Widerstand spüren. Dies ist eine Auraschicht Ihrer Katze. Manchmal braucht es einige Übung, bis man sich sensibilisiert, doch dann werden Sie nach und nach immer mehr spüren. Sie können dann auch weiter nach außen gehen, auf ca. einen Meter Abstand, und versuchen, alle Schichten zu erspüren und diese auch zu zählen. Die äußersten Aurakörper sind meist am schwersten zu fühlen.

Machen Sie diese Übung bitte nur, wenn sich Ihr Tier nicht entfernt. Zwingen Sie es auf keinen Fall dazu, zu bleiben.

Fühlen eines Chakras

Nehmen Sie wieder eine entspannte Körperhaltung ein und reinigen Sie die Hände wie in der vorherigen Übung beschrieben. Ihre Katze liegt wieder entspannt vor Ihnen. Nehmen Sie die linke Hand und halten Sie sie ca. 30 cm über den Kopf des Tieres. Versuchen Sie dann, in einer fächerartigen Bewegung das Kronenchakra des Tieres zu erspüren. Wenn Sie Ihre Hand dicht über dem Kopf des Tieres halten, werden Sie ein feines Pulsieren in Ihrer linken Handfläche wahrnehmen und das Kronenchakra spüren.

Sie können diese Übung auch zuerst an Menschen durchführen, da deren Chakren stärker arbeiten und somit leichter zu erfühlen sind.

Bei den Übungen zum Fühlen oder hellsichtigen Wahrnehmen ist es wichtig zu wissen, was man fühlen möchte. Nur so kann man sich auf die gewünschte Frequenz einstellen.

Heilung eines Chakras

Nicole gleicht die Aura einer Katze aus

Ein Chakra kann erkranken und nicht mehr richtig funktionieren. Ist dies der Fall, dann arbeitet es lebensabbauend und beeinflußt die Organe und das grobstoffliche Körpersystem.

Sie haben bei der Beschreibung der Auraschichten gelernt, daß Krankheiten sich von außen nach innen arbeiten. So wirkt auch ein Chakra auf ein Organ. Dies ist dann der Fall, wenn ein Chakra nicht mehr nach rechts dreht, sondern nach links. Stellen Sie sich eine Uhr vor und übertragen Sie dieses Bild auf ein Chakra. Bewegt sich die Energie von 12:00 auf 18:00 Uhr zu, so ist die Energie lebensaufbauend (Yang), bewegt sie sich von 18:00 auf 12:00 bzw. 24:00 Uhr zu, ist sie lebensabbauend (zuviel Yin). Gelangt der Energiewirbel zu 24:00 Uhr, so beginnt er sich wieder zurück nach rechts zu drehen. Das Chakra zieht keine Energie mehr ein, sondern verschließt sich. Diese Tatsache hat auf den Körper erstaunliche Effekte. Hat die Katze Magen- oder Kopfschmerzen, dann bewegt sich ihr Chakra dort automatisch in die falsche Richtung. Sie können die Drehrichtung eines Chakras mit einer einfachen Übung berichtigen. Wichtig ist, daß Sie sanft an das Chakra herangehen und versuchen, mitzufühlen.

Machen Sie diese Übung am besten zuerst mit sich selbst oder einem anderen Menschen. Für Tiere gilt hier: Je kleiner das Tier ist, desto sanfter die Bewegung.

Übung:
Chakrenheilung an Tieren und Menschen

- Entspannen Sie sie sich und führen Sie Ihre Reinigung durch (siehe Übungen zum Spüren der Chakren). Stellen Sie sich die Katze oder den Menschen vor und versuchen Sie, über das Fühlen die Aura zu erfassen. Dort, wo das Tier oder der Mensch weniger Energie hat oder sich kalt anfühlt, befinden sich körperliche Schwachstellen.
- Konzentrieren Sie sich und entspannen Sie Ihren Unterkörper. Nehmen Sie Ihre linke Hand und halten Sie sie ca. einen Zentimeter über dem geschwächten Chakra. Stellen Sie sich vor, wie Licht oder Energie in es hineinfließt und wie Sie mit dem Chakra Kontakt aufnehmen. Nehmen Sie sich dafür zwei Minuten Zeit.

Beginnen Sie dann mit einer sanften Drehung im Uhrzeigersinn und stellen Sie sich vor, wie Sie die Nadis und das Chakra wieder auf das Licht und die richtige Drehung ausrichten. Führen Sie zwanzig bis fünfundzwanzig Drehungen langsam durch. Sprechen Sie, bevor Sie damit aufhören, ein kurzes Gebet oder eine positive Affirmation für das Wesen.

Fast alle Tiere und Menschen berichten, daß es ihnen nach dieser Behandlung besser geht.

Gerade die Richtigdrehung des Solarplexus hilft Ihrer Katze bei Durchfall und Magen-Darm-Problemen und stärkt diesen Bereich.

Nach einem Schock können Sie sehr sanft das Sakralchakra Ihrer Katze richtig drehen. Dies hilft ihr, sich schneller wieder im Körper einzufinden.

Vorsorge für die Chakren Ihrer Katze

Wenn Sie Ihre Katze von klein an in ihrem energetischen Feld beobachten und lernen, die Chakren zu erfühlen, dann können Sie wertvolle Vorsorge für die Gesundheit Ihrer Katze leisten. Sie lernen, Disharmonien zu erkennen, bevor sich diese im Körper als Symptome bemerkbar machen, und können so die Aura stärken und ausgleichen.

9. Die häufigsten Katzenkrankheiten und ihr energetischer Hintergrund

In diesem Kapitel möchte ich die häufigsten körperlichen Probleme von Katzen und deren energetischem Ursprung und Hintergrund erklären. Es handelt sich hierbei um eine generelle Auflistung, und natürlich muß man individuelle Aspekte, die zum Krankheitsweg einer Katze gehören, in die Behandlung mit einbeziehen.

Krankheit	Energetischer Ursprung bzw. Hintergrund
Katzenschnupfen	mentale Ermüdung, Schwäche der dritten Auraschicht
Allergien	keine Abgrenzung, das Tier gibt mehr, als es an Energien hat, Schwäche der 7. Auraschicht, Leberprobleme, trägt Wut in sich und unterdrückt diese, das Tier drückt sich nicht aus, Hilflosigkeit
Nierenprobleme	nimmt emotionale Gifte aus der Umwelt auf, kann sich nicht abgrenzen, Augenprobleme, will nicht sehen, was wirklich ist,

Nierenprobleme …	kann einen alten Schock nicht loslassen, möchte nicht sein, wo es ist
Inkontinenz	nicht genügend Raum, fühlt sich unterdrückt und nicht wahrgenommen, zu früher Verlust der Mutter, Wutanfälle, negative Energien im Raum oder in den Menschen
Epilepsie	zuviel Energie fließt unkontrolliert in das Kronenchakra
Unsauberkeit	Zahnprobleme, unterdrückte Wut, Futterverweigerung, fühlt sich nicht angenommen, kennt seinen Platz nicht, Angst, kann sich nicht abgrenzen, Schwäche der 7. Auraschicht, negative Energien in der Umgebung
Krebs	hat zu viele negative Energien aus seiner Umwelt aufgenommen, gibt sich für den Menschen hin, Vergiftung körperlich wie seelisch, Umweltgifte
Katzenaids	die ganze Aura ist geschwächt, nimmt das Karma der Welt auf sich, liebt die Menschen

Was können Sie nun tun, um Ihre Tiere energetisch bei den jeweiligen Krankheitsbildern zu unterstützen? Ein Mangel an Energie kann mit einer Zufuhr von Energie wieder ins Gleichgewicht gebracht werden. Dies kann durch eine Behandlung mit Reiki oder Divine Healing geschehen, dessen Hintergrund ich im Anhang kurz erläutere.

Krebs bei Katzen

Krebs scheint in den letzten Jahren wie eine Welle über Hunde und Katzen gekommen zu sein. Kaum ein Tag vergeht, in dem ich nicht wegen einer an Krebs erkrankten Katze um Rat gefragt werde.

Versuchen wir zu verstehen, wie Krebs entsteht. Die DNA, auf der sich jedes Leben aufbaut, wehrt ständig deformierte und kranke Zellen ab. Bei energetisch gesunden Wesen (intakte Aura, stabiles Energiefeld) wird eine Fehlentwicklung der Zellen (Krebs) problemlos verhindert bzw. diese Zellen werden isoliert und sterben ab. Ist das Energiefeld durch Umweltgifte, falsches Futter oder negative Energien geschwächt, so hat die DNA keine Energien zur Verfügung, um die angegriffenen Zellen zu reparieren.

Normalerweise ist der genetische Code auf Instandsetzung ausgelegt. Diesem Impuls folgt er, wenn alle energetischen Systeme auch dasselbe Ziel verfolgen, sich ständig auf den perfekten Plan auszurichten und Schwachstellen zu korrigieren. Zu einer Schwächung des Systems kommt es für Katzen durch das Auffangen von negativen Energien und emotionalen Belastungen.

In der Umwelt der Katzen wird dies durch zwei Hauptfaktoren begünstigt: Zunächst ist der Körper verschiedenen Toxinen ausgesetzt. Diese befinden sich in unterschiedlicher Form im Futter (Impfstoffe in den Schlachttieren, kranke Tiere, verkrebste Tiere, die in das Futter wandern) und im Trinkwasser der Tiere. Das so hoch gelobte Leitungswasser kommt oft durch alte, verbleite Rohre und ist in den meisten Städten mehrfach aufbereitet worden. Die dadurch entstandenen Ablagerungen werden von Ihrer Katze direkt aufgenommen.

Ähnliche Reaktionen können wir bei Kindern beobachten. Auch diese leiden immer mehr unter Umweltgiften und energetischen Belastungen. Bei Kindern nimmt die Zahl der Überempfindlichen und allergisch Reagierenden zu.

Zu den Toxinen sind weiterhin die Impfbelastungen zu zählen, auch hier bleiben neben den Antikörpern zum Bekämpfen einer Krankheit Schadstoffe, die die Nervenverbindungen belasten, im Körper.

Auch im Wohnbereich befinden sich Umweltgifte: Teppiche, Wandfarben und Möbellacke wirken sich negativ im Körper Ihrer Katze aus. Diese Vergiftungen, die größtenteils aus Schwermetallbelastungen bestehen, lagern sich im Körper ab. Sie haben sogar favorisierte Stellen, nämlich bestimmte Synapsenverbindungen im Gehirn und schwache Zellwände, deren äußere Membrane durch Fehlernährung, genetische Degeneration und psychischen Streß geschwächt wurden. Dort greifen die Toxine und bewirken, daß die Zellwände noch dünner werden und sich nicht mehr gegen Schadstoffe und Eindringlinge wie Parasiten wehren können.

Feinparasiten, zu denen kleinste, kaum meßbare Wurmarten und Virenstämme gehören, greifen die geschwächten Zellen an und verbinden sich mit ihnen. Sie können sich jetzt vielleicht ein Bild davon machen, wie der Organismus Ihrer Katze langsam immer schwächer wird, ohne daß Sie es dem Tier zunächst anmerken.

Schließlich kann auch die Produktion von Krebszellen nicht mehr gestoppt werden. Ihre Katze erkrankt.

Ihre Katze markiert

Katzen, die ihre kleinen und großen Geschäfte nicht kontrollieren wollen, sind zu einem echten Problem geworden. Täglich erreichen mich Anfragen mit der Bitte um

Hilfe, weil der kleine Katzenfreund sein Geschäft mit Freude überall zu verrichten scheint – nur nicht in der dafür vorgesehenen Katzentoilette.

Es sind fast nur Frauen, die mich um Hilfe bitten, weil bei ihnen nicht nur die Gesundheit ihrer Katze, sondern oft auch noch das Bestehen ihrer Beziehung oder Ehe an die Lösung des Problems gebunden ist. Um zu verstehen, warum sich die geliebte Katze auf einmal so verhält, müssen wir zwei Möglichkeiten unterscheiden: einerseits die rein gesundheitlichen Probleme, die ein Halten des Urins nicht mehr möglich machen, und andererseits ein psychisches Problem der Katze, welches sie zwingt, ihr Verhalten zu verändern.

Die Katze kann nicht anders

Sichere Zeichen für ein nicht psychisch bedingtes Problem sind:

- Ihre Katze tropft beim Schlafen
- Schlafstelle oder Hinterbeine der Katze sind feucht
- die Katze baut vermehrt kleine Unfälle zu Hause, kann Sprünge etc. nicht mehr kontrollieren.

Sollte eine oder alle der oben genannten Symptome auf Ihre Katze zutreffen, so suchen Sie einen Tierarzt oder einen ganzheitlichen Tiertherapeuten auf. Es gibt verschiedene körperliche Ursachen für einen Verlust der Blasenkontrolle. Der Tierarzt kann hier helfen. Natürlich helfen auch Bachblüten-Rescue-Tropfen und Heilenergie, um den Körper wider zu stärken. Da aber z. B. eine möglicherweise vorliegende Blasenentzündung den Körper auf Dauer sehr schwächen kann, ist hier schnelle Hilfe geboten.

Ein Kater mit Namen Suky erzählte mir von diesem Problem:
»Ich habe immer wieder gemerkt, daß ich mich selbst benässe, wußte aber nicht, warum. Es war mir sehr peinlich, vor allem weil ich normalerweise bewundert werde. Ich war sehr dankbar für Hilfe, und daß meine Menschen begriffen haben, daß ich es nicht absichtlich mache.«

Psychische Probleme
Wird Ihre Katze zum »Indoor-Graffiti-Künstler«, so kann dies verschiedene Ursachen haben. »Sprühen« ist eigentlich eine männliche Eigenschaft, obwohl auch eine Katze durchaus nach oben »zielen« kann. In jedem Fall handelt es sich beim bewußten Markieren um eine Form von massivem Widerstand!

Katzen stärken ihr Selbstwertgefühl und versuchen, ihre Unsicherheit durch dieses Verhalten zu überspielen. Wenn Ihre Katze über mehrere Wochen hinweg das Sofa, Kissen oder Teppiche (und in extremen Fällen sogar Handtaschen) markiert, ist es an der Zeit zu handeln. Der explosive Cocktail aus Pheromonen und Säure zersetzt nicht nur, man kann ihn auch nur schwer abwaschen oder überdecken.

Was aber ist die Ursache? Ein Grund dafür ist sicherlich, daß Katzen immer weniger Raum für sich zur Verfügung haben und so gezwungen sind, ihr Geschäft dort zu verrichten, wo sie auch schlafen und essen. Für die Tiere stellt das Ausscheiden einen intimen Akt dar, der vergleichbar mit dem der Nahrungsaufnahme ist.

Da die wenigsten Menschen von Anfang an mit ihren Katzen sprechen, wird deren Unwohlsein in Bezug auf den neuen Menschen, die Wohnung oder das Alleinsein oft nicht von Beginn an wahrgenommen. Meist ertragen

Katzen Ärger lange, bevor sie sich sichtbar dagegen wehren. Das Tier durch einen Tierkommunikator befragen zu lassen kann sehr aufschlußreich sein, denn oft sind es nur Kleinigkeiten, die Ihre Katze nicht mag und durch ihr Verhalten mitteilen möchte. Das Tier zu beschimpfen oder zu bestrafen bewirkt nur, daß es noch mehr Vertrauen verliert und in der Folge immer ängstlicher wird.

Wenn Ihre Katze markiert, können Sie folgende Methoden anwenden:

1. Bachblüten-Rescue-Tropfen:
   Viermal täglich einen Tropfen auf die Innenhaut der Ohren massieren, pro Ohr jeweils einen Tropfen
2. Ihren eigenen ersten Morgenurin auffangen und mit etwas Watte auf die von der Katze markierten Stellen auftragen. Die meisten Katzen lassen sich so auf körperlicher Ebene bekehren.

Viele Katzen nennen folgende Probleme als Ursache für ihr Verhalten:

- zu wenig Zeit des Halters
- mein Mensch versteht mich nicht
- ich will und brauche Auslauf
- ich mag die neuen Möbel/Freunde/andere Katze nicht
- es sind negative Energien im Raum, die ich vertreiben will

Minka, eine sechs Jahre alte Perserkatze, schildert ihr Problem:

»Die Frau, bei der ich lebe, geht auf einmal früher am Morgen weg und kommt abends müde und angespannt zurück. Es macht mich traurig, weil ich das Gefühl habe, daß sie mich nicht mehr liebt.«

Die Halterin hatte eine neue Arbeitsstelle angetreten, die sie mehr beanspruchte.

Wir nehmen viele Veränderungen vor, die in menschlichen Augen normal oder notwendig erscheinen, und informieren unsere Tiere nicht. Dabei vergessen wir, daß die Menschen die Regeln für das Teamwork aufstellen und die Tiere sich fügen. Wir nehmen einfach Veränderungen vor, die wir mit einem menschlichen Partner aufwendig diskutieren oder bei einem romantischen Abendessen besprechen würden. Wieso also braten Sie ihrer Katze nicht ein Thunfischsteak und beginnen zu erzählen? Sie versteht Sie besser, als Sie denken!

Was können Sie tun, damit Ihre Katze gesund bleibt?

Die meisten ernsthaften Krankheitssymptome werden zu spät erkannt. Beobachten Sie Ihr Tier.

Auch wenn es sich zu einfach anhört, um funktionieren zu können: Spielen Sie mit Ihrer Katze, so viel und so oft Sie können.

Wenn Sie Ihre Katze vom Welpenalter an in all ihren Facetten kennenlernen wollen, und wenn Sie wissen möchten, wie sie sich bewegt, oder ihre motorischen Fähigkeiten einschätzen wollen, dann sollten Sie möglichst viel mit Ihrer Katze spielen und diese dabei gut beobachten.

Achten Sie auf gutes Futter und freuen Sie sich, für ein Wesen zu kochen, das Ihnen vertraut. Belohnen Sie diese Haltung am besten mit Nahrung, die zu einem Drittel aus biologischen, gekochten oder gedünsteten Fleisch (auch roh ist möglich), einem Drittel aus rohem, geriebenem Gemüse und zu einem Drittel aus Kohlenhydraten, also Nudeln, Getreide oder Reis, besteht.

Geben Sie einen gereinigten Bergkristall in die Wasserschale und laden Sie so das Wasser Ihrer Katze energetisch auf.

Eine weitere gute Vorsorgemaßnahme besteht in dem einmal jährlich durchzuführenden Ausleiten von Schadstoffen. Hier wird durch die Gabe spezieller Präparate die Leber, die Niere und das Lymphsystem gereinigt. Diese Kuren sind ein guter Schutz gegen die Bildung von Tumoren, Krebszellen und Wucherungen, da sie dabei helfen, das Zellsystem zu reinigen und Abfallstoffe auszuleiten. Sie sollten diese Kuren nur unter professioneller Anleitung eines Heilpraktikers oder Mediziners durchführen.

Mein letzter Rat ist: *Liebe, Respekt und Akzeptanz!* Dies ist, was sich alle Wesen wünschen, und es hält die Seele gesund, egal ob Katze oder Mensch.

Eines der besten Nahrungsergänzungsmittel und natürlichen Antibiotika ist kolloidales Silber, welches in flüssiger Form dem Futter zugesetzt wird. Viele chronische Entzündungen und Schwächen verschwinden, und es schmeckt für feine Katzenmäuler wie Wasser (siehe Bezugsquellen im Anhang).

10. Erste-Hilfe-Maßnahmen für Ihre Katze

Im Leben einer Katze lauern Gefahren an jeder Ecke. Eine Katze kann sich sehr schnell während einer ihrer Ausflüge verletzen. Sogar in den sicheren vier Wänden kann einer Katze so manches passieren.

Das Wissen darum, wie man schnell, ruhig und zielgerichtet handelt, kann über Leben und Tod Ihrer Katze entscheiden. Dazu müssen Sie kein Tierarzt sein.

Wir alle können und wollen uns schlimme Situationen mit unserem geliebten Tier nicht vorstellen. In diesem Kapitel möchte ich einige hilfreiche Tipps und Verhaltensregeln für den Fall des Falles an Sie weitergeben.

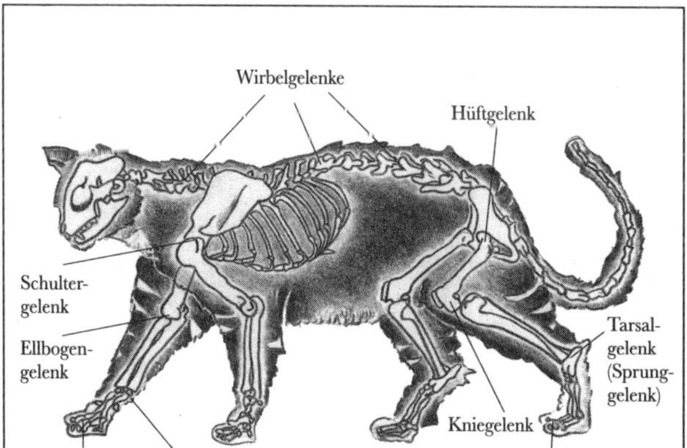

Skelett einer Katze

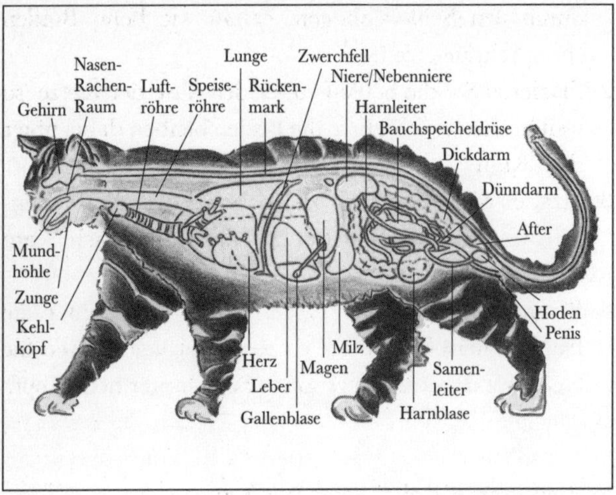

Anatomie einer Katze

Die folgenden Tricks hat mir ein befreundeter amerikanischer Tierarzt verraten:

So bändigen Sie eine verletzte Katze

Wenn eine Katze verletzt ist, kann sie mit ihren messerscharfen Krallen und Zähnen ihrer eigenen Rettung im Weg stehen. Sollte eine Katze bissig und kratzend reagieren, hilft meist nur, sie zu bandagieren, denn wenn Sie durch die verständliche Panik Ihrer Katze verletzt werden, ist keinem von beiden geholfen.

1. Wickeln Sie Ihre Katze in ein Handtuch so gut Sie können und lassen Sie ihr Raum zum Atmen. Nehmen Sie einen dünnen Verband oder eine Mullbinde und schneiden Sie daraus einen ca. 30 cm langen Streifen. Binden Sie in der Mitte eine Schleife, kreuzen Sie dann die Enden übereinander und gehen Sie anschließend

durch den Schleifenbogen, genau wie beim Binden Ihrer Schnürsenkel.

2. Plazieren Sie die Schleife über der Nase der Katze, so weit hinten wie möglich, die Enden bleiben dabei unter dem Kinn.
3. Straffen Sie die Schleife und ziehen Sie die Enden hinter die Ohren. Verknoten Sie die Enden sicher am Ende des Nackens.
4. Bringen Sie eines der Enden nach vorne unter die Nasenschleife, gehen Sie dann zurück und ziehen Sie das Ende durch die verknotete Seite hinter dem Kopf.

So bewegen Sie eine verletzte Katze

Wenn Ihre Katze ernsthaft verletzt wurde (z. B. von einem Auto oder Fahrrad angefahren wurde), ist es wichtig, sie schnell von der Straße zu entfernen und gegebenenfalls zum nachsten Tierarzt zu bringen.

Eine Katze mit angebrochenem Nacken, Rücken oder Hüftgelenk zu bewegen kann für Ihr Tier fast so gefährlich sein wie der Unfall selbst. Es ist extrem wichtig dabei, korrekt zu handeln.

Ziehen Sie die verletzte Katze auf ein Brett oder eine feste Unterlage. Sie müssen sehr vorsichtig sein, um die Wirbelsäule, den Nacken oder die Beine nicht zu biegen. Wenn Ihre Katze sich nicht bewegen kann, achten Sie darauf, daß sie genügend Sauerstoff bekommt und atmen kann. Fixieren Sie die Katze auf der Unterlage, indem Sie einen Schal oder ein Tuch um ihre breiteste Stelle legen und um das Brett knoten. Das Tier sollte nicht verrutschen können, gleichzeitig ist es wichtig, das Tuch nicht zu fest zu binden, um eventuell verletzte Organe nicht zu quetschen.

Sollten Sie in einer Notsituation kein Brett oder ähnliches zur Verfügung haben, dann nehmen Sie ein Bettlaken und schlagen Sie es in der Mitte ein, damit der Stoff doppelt liegt. Schlagen Sie danach die Seiten zu einer Rolle, so daß Sie am oberen und unteren Ende des Lakens jeweils zwei »Griffe« erhalten.

Blutungen stoppen

Die meisten Blutungen sehen schlimmer aus, als sie sind. Allerdings kann bereits ein kleiner Holzsplitter einen nicht enden wollenden Blutstrom bewirken. Deshalb ist es wichtig, herauszufinden, ob wichtige innere Gefäße verletzt sind oder ob es nur ein kleiner Schnitt ist, der wie eine lebensgefährliche Verletzung wirkt.

Um einen ersten Eindruck zu gewinnen, lassen Sie Wasser über die Wunde laufen und saugen dann mit etwas Gaze den Blutfluß auf. Befinden sich keine Fremdkörper in der Wunde, bringen Sie mit leichtem Druck die Blutung zum Stoppen.

Blutungen, die auch nach einigen Minuten nicht von selbst zum Stillstand gekommen sind, benötigen dringend weitere Aufmerksamkeit. Es gibt einige Punkte am Körper Ihres Tieres, durch die das Blut vom Herz zu der Wunde fließt. Bei starken Blutungen reicht an diesen spezifischen Punkten der Druck Ihres kleinen Fingers auf die Arterie aus, um die Blutung zu verlangsamen. Sie sollten dabei gleichzeitig drei Finger mit Wundmull (steril) oder Gaze auf der eigentlichen Wunde haben.

Diese wichtigen Druckpunkte befinden sich an folgenden Stellen:

- Am Übergang der Unterkieferknochen in das Ohr

- An den weichen Ausläufern links und rechts neben der Luftröhre Ihres Tieres
- Unter der Achselhöhle
- In der Mitte der Leiste, wo das Bein auf den Körper trifft
- Unter der Schwanzbasis

Sollten Sie es sich selbst nicht zutrauen, diese Stellen exakt zu lokalisieren, so fragen Sie bitte Ihren Tierarzt. Ein falscher Griff kann Ihrer Katze manchmal mehr schaden als Ihr guter Wille.

Lösen Sie den Druck auf den Punkt alle zehn Sekunden für etwa zwei Sekunden. Insgesamt sollte der ganze Prozeß nicht länger als vier bis fünf Minuten dauern. Wichtig ist, daß Sie mit der Druckkraft des kleinen Fingers arbeiten. Die Unterbrechung des Fingerdruckes alle zehn Sekunden erlaubt der Wundumgebung, mit Blut versorgt zu werden. Wunden, die stark bluten, sollten auf alle Fälle schnell von einem Tierarzt versorgt werden. Zum Desinfizieren der Wunde empfehle ich eine dreiprozentige Wasserstoff-Peroxyd-Lösung auf die Wunde zu träufeln

Wiederbelebung

Wenn Ihre Katze einen Unfall erlitten hat, hört ihr Herz möglicherweise auf zu schlagen und/oder das Tier atmet nicht mehr. Ähnlich wie bei der Wiederbelebung eines Menschen haben Sie jetzt etwa drei bis fünf Minuten Zeit, um zu handeln.

Wird das Gehirn länger als drei bis fünf Minuten nicht mit Sauerstoff versorgt, kann es irreparable Schäden davontragen.

Die folgende Anleitung zeigt, wie Sie eine solche Wiederbelebung einleiten:

1. Den Atemweg reinigen

Entfernen Sie mit Ihrem Zeige- und Mittelfinger Futterreste oder Erbrochenes aus dem Maul des Tieres. Rechnen Sie damit, daß Ihre Katze Sie dabei eventuell beißt. Manche Tiere beginnen bereits jetzt damit, die Atmung wieder selbständig aufzunehmen. Sollte dies nicht geschehen, so stellen Sie sicher, daß der Hals nicht gekrümmt ist. Der Kopf sollte in einer Linie zum Körper liegen.

Aber Vorsicht: Führen Sie alle Bewegungen am Hals und Nacken sanft aus, für den Fall, daß ein Bruch stattgefunden hat. Ziehen Sie die Zunge sanft aus dem Maul, um festzustellen, ob die Speiseröhre verstopft ist.

2. Atemhilfe

Hat Ihre Katze noch nicht mit dem selbständigen Atmen begonnen, halten Sie ihr das Maul zu und schließen Sie Ihren Mund über den Nasenlöchern. Blasen Sie zweimal SANFT in die Nasenlöcher, gerade stark genug, um zu sehen, ob sich die Brust hebt und senkt (zu heftiges Hineinatmen kann die Lungenflügel kleiner Tiere verletzen!). Wenn sich die Brust nicht hebt, überprüfen Sie die Position des Halses und wiederholen die Atmung.

3. Den Blutfluß anregen

Drehen Sie Ihre Katze auf deren rechte Körperseite. Legen Sie die Unterkante Ihrer Hand über die Rippen auf der linken Seite Ihres Tieres. Sie sollte sich über dem Herz befinden. Legen Sie dann Ihre andere Hand über die erste und pressen Sie ca. eineinhalb Zentimeter in die Tiefe. Bei mittelgroßen Katzen sollten Sie eineinhalb Zentimeter mit dem Druck nach unten gehen und bei sehr großen Katzen zwei bis drei Zentimeter. Tierärzte empfehlen, diese Bewegung fünfzehn Mal zu wiederholen. Atmen Sie dann zweimal in die Nase des Tieres und wiederholen Sie die fünfzehnfache Herzmassage. Versuchen Sie, so lange durchzuhalten, bis Sie bei einem Tierarzt angekommen sind.

Bisse

Verletzungen durch Bisse sind sehr gefährlich, denn mit dem Eindringen der Zähne des Angreifers bekommen auch Bakterien und Viren Zugang zu den Blutbahnen Ihres Tieres. Einen Biß mit Wasser zu reinigen kann diese Keime und Viren noch tiefer in die Wunde spülen und die Situation verschlimmern. Sie sollten tiefere Bißwunden immer von einem Tierarzt professionell reinigen und behandeln lassen.

Ich selbst habe immer Wasserstoff-Peroxyd zu Hause, mit dem ich Bißwunden reinigen kann. Dieses Mittel ist für Ihr Tier schmerzfrei und desinfiziert erstklassig, denn es schwemmt Fremdstoffe regelrecht aus der Wunde. Sie bekommen es rezeptfrei in allen Apotheken und sollten darauf achten, daß die Lösung dreiprozentig ist.

Autounfälle

Autounfälle sind für eine Katze eine Katastrophe. Dies resultiert aus dem Vertrauen Ihrer Katze, einen Gegenstand einschätzen zu können.

Wenn eine Katze ein Auto als einen statischen Gegenstand eingestuft hat, fühlt sie sich zunächst einmal sicher und vertraut ihrer Wahrnehmung. Viele Klienten, die mit ihrer Katze einen Autounfall erlebt haben, waren im Gespräch der festen Meinung, ihr Tier könnte diese Gefahr eigenständig einschätzen.

Aus der Sicht der Katzen weiß ich, daß dem nicht so ist. Die Katze glaubt an ihren Instinkt und an ihre Sinne. Bei der Entwicklung der Selbstschutzmechanismen eines Tieres hat die Evolution die Technik des Menschen nicht berücksichtigt. Dadurch erklärt sich auch die Fehleinschätzung Ihrer Katze.

Sollte Ihrem Tier bei einem Unfall augenscheinlich nichts geschehen sein (vielleicht ist es nach dem Unfall sogar aufgestanden und von der Straße gelaufen), so können dennoch innere Verletzungen, Blutungen, Quetschungen und die Verletzung von Nerven vorliegen. Der energetische Schock und der Vertrauensverlust, den Ihre Katze erleidet, sind enorm. Leider bleibt ein solches Trauma manchmal ein Katzenleben lang in die Seele eines Tieres eingebrannt. Für die energetische Erstversorgung hilft es hier besonders Ihrem Tier, Rescue-Tropfen zu geben und es mit der Aura-Soma-Flasche Nr. 26 einzureiben.

Nachfolgend steht, was Sie sonst noch auf dem Weg zum Tierarzt tun können:

1. Falls sich Ihre Katze wehrt, gehen Sie zum Bandagieren über (siehe Kapitelanfang, So bändigen Sie eine verletzte Katze).
2. Überprüfen Sie, ob das Tier atmet, indem Sie das Heben der Brust beobachten. Falls Sie einen

Taschenspiegel bei sich tragen, halten Sie ihn unter die Nase des Tieres und beobachten, ob er beschlägt. Überprüfen Sie als nächstes den Puls. Diesen finden Sie am besten in der Leiste. Falls Sie nichts fühlen können und das Tier nicht atmet, fangen Sie mit der Wiederbelebung an.

3. Stoppen Sie Blutungen.
4. Bedecken Sie die Katze am besten mit einem Mantel oder einer Decke, um die Gefahr eines Schocks zu mindern.
5. Wenn Sie sehen, daß ein Knochenbruch vorliegt, fixieren Sie diese Stelle.
6. Bringen Sie die Katze so schnell wie möglich zu einem Tierarzt.

Erstickungsgefahr

Katzen reinigen ihren Magen mit Hilfe von Gras, um Haarballen und Ähnliches zu entfernen.

Da Katzen der Körperpflege viel mehr Aufmerksamkeit schenken als andere Tiere und die tägliche Fellpflege dabei eine wichtige Rolle spielt, verschlucken sie dabei auch viele Haare, die sich im Magen der Tiere ansammeln. Die natürliche Reaktion der Katze ist, diese in regelmäßigen Abständen wieder hervorzuwürgen, wobei ihnen die Inhaltsstoffe des Grases eine Hilfe sind. Für einen wenig versierten Katzenkenner wirkt dies gefährlicher, als es ist. Mit der Zeit erkennt der Katzenfreund, daß dem Tier dabei nichts geschieht.

Was aber, wenn sich Ihre Katze ernsthaft an einem Stück Fleisch oder sonstiger Jagdbeute verschluckt hat?

Hier besteht die Gefahr, daß das Tier bewußtlos wird und das Gehirn in der Folge zuwenig Sauerstoff erhält.

Eine kurze Ohnmacht mag hilfreich sein, denn Sie können so gefahrlos in den Rachen der Katze fassen und den fest sitzenden Gegenstand entfernen. Sollte Ihnen dies nicht gelingen, verhalten Sie sich folgendermaßen: Pressen Sie unterhalb der Rippen des Tieres, bringen Sie so das Zwerchfell nach vorne und üben Sie damit Druck auf die inneren Atemwege aus. Dies bewirkt, daß ein Objekt regelrecht herausgeblasen wird. Hier erfahren Sie die genaue Technik:

Wenn Ihre Katze steht

Stellen Sie sich hinter das Tier und legen Sie Ihre Arme eng um den Bauch Ihrer Katze, so daß sie sich unterhalb des Rippenbogens schließen. Bei kleinen oder schmalen Katzen umfassen Sie die Seiten mit Ihren Händen. Bilden Sie mit einer Hand eine Faust und plazieren Sie die andere Hand darauf. Drücken Sie so kurz und kräftig in den Bauch. Oft reicht dies, um einen Fremdkörper herauszudrücken. Wenn Sie ein sehr zartes Tier besitzen, üben Sie nur wenig Druck aus.

Sollte nach der ersten Behandlung nichts geschehen, erhöhen Sie den Druck mit jedem weiteren Durchlauf.

Wenn Ihre Katze bewußtlos ist

Legen Sie das Tier auf die Seite. Fühlen Sie mit einer Hand suchend nach der letzten Rippe und legen Sie die andere Hand hinter die Schulterblätter, um das Tier zu stabilisieren. Üben Sie fünf

Mal hintereinander einen leichten Schlag unterhalb des Rippenbogens Richtung Oberkörper aus. Sollten die Atemwege auf diese Weise nicht gleich frei werden, wiederholen Sie den Ablauf.

Schnitte

Katzen ziehen sich als kleine Jäger der Großstadt häufiger Schnittwunden zu, als uns Menschen lieb ist. Oft bemerken die Tiere die Verletzungen selbst nicht, da sie sich in ihrem Element der Jagd und des Verfolgens verlieren. Sie lassen sich auch in nächtlichen Revierkämpfen von messerscharfen Krallen tiefe Wunden zufügen. In meiner Praxis habe ich verwundete Kater, die zu mir gebracht worden sind, gefragt, ob sie denn kein Schmerzempfinden hätten.

Die Antworten der Tiere ähnelten sich. Sie teilten mir mit, daß eine Katze in Situationen großer innerer Anspannung und Konzentration ihren Körper nicht spürt. Sie ist dann sozusagen »berauscht« vor Anspannung, und bemerkt den Schmerz erst hinterher.

Um solche Wunden zu versorgen, hat die Natur bereits vorgesorgt: Der Speichel der Katzen reinigt und hilft, die Wunde schnell wieder zu schließen. Nichtsdestotrotz sollte der Mensch einen Blick auf die Schnittwunde werfen und verantwortungsvoll handeln. Am besten scheren Sie die Haare um die Wunde kurz, dies hilft, die Größe der Wunde abzuschätzen. Lassen Sie viel Wasser über die Wunde laufen und tragen Sie ein Desinfektionsmittel auf. Die Wunde auf diese Weise drei bis fünf Mal täglich zu versorgen hilft, Infektionen vorzubeugen.

Eine Schnittwunde sollte nur dann mit einem Verband

oder einem Pflaster versehen werden, wenn sie wirklich tief ist. Ansonsten heilt eine kleine Verletzung offen und in Kontakt mit Sauerstoff besser ab. Schnittwunden an den Pfoten sollten Sie allerdings besser verbinden, denn dort befinden sich viele feine Blutgefäße, die unter Druck leicht mit einer erneuten Blutung reagieren.

Wenn Sie eine Pfote verbinden, reinigen Sie die Wunde zuerst und beginnen Sie dann mit dem Verbinden der Zehen. Versuchen Sie, diese mit dem Verband zu stützen und damit den Druck des restlichen Verbandes zu erleichtern.

Wickeln Sie dann den Verband langsam von der Pfote nach oben zum Unterbein und fixieren Sie ihn abschließend. Achten Sie darauf, daß der Abschluß des Verbandes nicht zu straff ist, um eine Quetschung der Blutgefäße zu verhindern. Sollte sich Ihre Katze gegen den Verband wehren und diesen abreißen wollen, ziehen Sie ihr eine spezielle Verbandsocke oder einen Verbandschuh darüber und fixieren diesen.

Sie sollten den Verband täglich wechseln. Verwenden Sie zum Abtupfen des Blutes niemals Watte! Die feinen Fasern könnten in der Wunde kleben bleiben und sie verunreinigen. Ist eine Wunde voll von Schmutz und länger als ein Zentimeter, rufen Sie Ihren Tierarzt – hier ist die Gefahr einer Infektion groß.

Ertrinken

Katzen können wie die meisten Tiere schwimmen, sind aber, wie wir alle wissen, keine Wasserfans. Da eine Katze die Fähigkeit des Schwimmens nur selten erprobt, fällt es ihr auch schwer, abzuschätzen, wie sie das rettende Ufer erreicht und die oft steilen Abhänge greifen kann. Hinzu kommen der Streß der ungewohnten Situation und die Sorge um das eigene Leben.

Ehrlich gesagt kenne ich keine Katze, die nicht durch einen Unfall, einen unkalkulierten Sprung oder ein Mißgeschick in solch eine gefährliche Situation geraten wäre. *Grundsätzlich gilt, Ihre Katze, falls sie bewußtlos ist, in eine Decke zu wickeln und ihr, wie beschrieben, eine Mund-zu-Mund-Beatmung zu geben.*

Bei Ertrinken ist es wichtig, das Wasser aus der Speiseröhre und eventuell auch den Lungen herauszubekommen. Legen Sie die Katze auf ihre rechte Seite, versuchen Sie das Maul zu öffnen und die Zunge vorsichtig herauszuziehen. Jetzt versuchen Sie, durch Druckbewegungen im Schulter und Seitenbereich das Wasser Richtung Maul zu treiben. Wiederholen Sie diesen Vorgang immer zwischen Mund-zu-Mund-Beatmung und Brustmassage. Suchen Sie sofort einen Tierarzt auf.

Der Herzanfall

Ein Herzanfall kann nicht nur bei älteren Menschen oder überfütterten Hunden auftreten, sondern durchaus auch eine Gefahr für eine »normale« Katze darstellen. Speziell Perserkatzen und andere Zuchttiere, die verkürzte Atemwege aufweisen, sind besonders in den Sommermonaten gefährdet.

Bei einem Herzanfall erhöht sich die Temperatur im Körper der Katze drastisch und das Gehirn kann ernsthaften Schaden davontragen. Ich habe Katzen mit flach gezüchteten Nasen erlebt, die, von einem Hund spielerisch in der Mittagshitze gejagt, mit einem plötzlich gläsernen Blick und heftiger Atmung zusammengebrochen und gestorben sind.

Zum Glück wissen die meisten Katzenliebhaber, daß sie ihre Katzen während tropischer Temperaturen nicht im Auto eingesperrt lassen dürfen – diese Angewohnheit von unsensiblen Tierhaltern kostet jeden Sommer viele Katzen und Hunde das Leben. Ihre Katze kann zu der felinen Risikogruppe für einen Herzanfall gehören, wenn sie folgende Merkmale aufweist:

- deutlich sichtbares Übergewicht
- eine kurz gezüchtete Nase
- hohes Lebensalter

Deutliche Anzeichen für einen Herzinfarkt bei einer Katze sind glasige Augen, ein heftiges Atmen, ein Schwächeanfall oder tiefrotes Zahnfleisch.

Ein Herzanfall oder -infarkt sollte schnellstmöglich vom Tierarzt versorgt werden. Sie können Ihre Katze auf dem Weg dorthin unterstützen, indem Sie ein Handtuch in kaltes Wasser (kein Eiswasser) legen und das Tier damit kühlen. Auch die Klimaanlage im Auto leistet gute Dienste.

Zusätzlich können Sie Ihrer Katze einige Rescue-Tropfen auf die Innenohren träufeln und in das Zahnfleisch einreiben. Auch die Aura-Soma-Balance-Flasche Nr. 26 und das Händeauflegen mit Divine Healing oder Reiki hilft der Katze, ihre Kräfte zu sammeln.

Vergiftungen

Katzen sind elegante Tiere, die mit federndem Schritt und einem fokussierten Blick gefährliche Sprünge bewältigen können. Warum also kommt es immer wieder vor, daß diese an sich so fähigen und intelligenten Tiere an Haushaltsreinigern lecken und vergiftete Mäuse fressen?

Katzen sind in erster Linie domestizierte Tiere, die schon sehr lange mit den Menschen leben, aber sich natürlich nie vollständig von ihrem Trieb und anderen angeborenen Instinkten entfernt haben. Ihre Katze beleckt, was sie interessant findet, und frißt als Jäger, was sie als Beute sieht. Dies ist als Zeichen zu werten, daß ihre Urinstinkte funktionieren.

Leider sind viele Vergiftungen nicht sofort erkennbar, sondern erst, wenn sie über den Verdauungstrakt weiter in den Körper vorgedrungen sind und dort Organe angegriffen haben.

Deutliche Zeichen für eine Vergiftung sind:
- geschwollene Gesichtspartien
- Blutungen an Maul und After
- Atemprobleme
- Desorientierung
- langsamer Herzschlag und Müdigkeit
- kreisrunde Schwellungen am Körper

Wenn Ihre Katze Gift gefressen hat, ist der natürlichste Weg der Hilfe, sie zum Erbrechen zu bringen. Um diese Reaktion einzuleiten, können Sie ihr eine dreiprozentige Wasserstoff-Peroxyd-Lösung geben. Dosieren Sie einen Teelöffel Lösung auf fünf Kilogramm Körpergewicht. Falls Sie eine Spritze für Bratensaft oder einen kleinen Trichter besitzen, können Sie vorsichtig die auf Ihr Tier abgestimmte Menge in den hinteren Teil des Maules laufen lassen. Die Katze soll sich bei dieser Prozedur nicht verschlucken, sondern die Lösung ganz normal herunterschlucken. Normalerweise übergibt sich ein Tier danach innerhalb weniger Minuten. Zeigt diese Handlung beim ersten Anlauf keine Wirkung, so wiederholen Sie den Vorgang nach fünfundzwanzig bis dreißig Minuten.

In einigen Fällen kann ein Erbrechen der Katze die Vergiftung verschlimmern, speziell Abflußreiniger verbrennt die Speiseröhre des Tieres beim Hochkommen ein zweites Mal. Es ist also sehr wichtig zu wissen, was genau Ihr Tier zu sich genommen hat.

Nachstehend finden Sie eine Liste von Giften mit der Anmerkung, ob das Einleiten des Erbrechens sinnvoll oder schädlich ist. Unabhängig davon sollten Sie sich mit Ihrem Tier auf dem schnellsten Weg zum Tierarzt begeben.

Art der Vergiftung	Erbrechen einleiten?
Abflußreiniger	Nein
Ameisengift	Ja
Aspirin	Ja
Batterieflüssigkeit	Nein
Bleichmittel	Nein
Farbverdünner	Nein
Frostschutzmittel	Ja
Haushaltsreiniger	Nein
Insektizide	Ja
Medikamente, Antihistamine, Barbiturate, Amphetamine, Herztabletten, Vitamine	Ja
Pestizide (nur auf Wasserbasis)	Ja
Rattengift	Ja
Schneckengift	Ja
Streusalz	Nein
Terpentin	Nein
Weißer Leim oder Klebstoff	Nein

11. Leben und Sterben auf vier Pfoten

»In feierlicher Stille tut sich der Himmel auf
für ein Wesen, das klein war in seinem kurzen Leben,
aber mächtig in der Liebe, die ohne Ende ist.«

Ernst von Dombrowski

Langsam macht sich das Alter Ihrer Katze bemerkbar. Sie braucht jetzt länger für die Fellpflege, läßt sich für viele Dinge mehr Zeit und macht auch schon mal ein kleines Nikkerchen zwischendurch. Das Haarkleid verliert an Glanz, und die früher so eleganten und waghalsigen Sprünge werden zu gut überlegten Hopsern vom Sofa auf den Boden.

Doch was bedeutet »Alter« bei einer Katze? Generell läßt sich sagen, daß eine Feline ab dem achten Lebensjahr in einen neuen Lebensabschnitt eintritt. Über das Höchstalter einer Katze kann man schwer eine allgemeingültige Aussage machen. Die Lebensdauer einer Katze hängt neben genetischen Faktoren und Rasse auch von Ernährung, der Energie, der Umgebung und ihren Lebenserfahrungen ab. Der Alterungsprozeß einer Katze, die als Baby unter starkem Streß gestanden hat, eventuell gequält wurde und wenig Ruhe hatte, wird sich durch die genannten Faktoren in späteren Jahren deutlich beschleunigen. Sie kennen diesen Effekt bestimmt auch bei Menschen. Junge Menschen, die einen ungesunden Lebenswandel hatten, energetisch schlechte Nahrung zu sich genommen haben, viel geraucht und viel Alkohol getrunken haben, sehen deutlich verlebter aus als ihre gleichaltrigen und vergleichsweise gesunden Mitmenschen.

Auch häufige Medikamentengaben (viele pharmazeutische Stoffe lagern sich im Körper ab und vermindern den lebenserneuernden Zellaufbau), Operationen und Geburten schwächen ein Tier. Operative Eingriffe verursachen immer einen Schock im betroffenen Gewebe und in der Aura, teilweise sogar in der Seele. Es kostet Ihr Tier viel Energie und eine kräftige Stimulation des Immunsystems, um seine eigene Heilung zu verstärken und vollständig zu genesen.

Ihre Katze verfügt nur über eine begrenzte Energiereserve. Vom Menschen meist unwissentlich gereichtes energetisch und toxisch belastetes Futter kostet Ihr Tier bei der Verdauung Kraft – ähnlich wie einen Menschen, der sich nur von niederwertiger Industriekost (Burger, Pommes, Pizza) ernährt. Aus diesem Grund empfehle ich Tierhaltern, die Fütterung ihres Tieres umzustellen. Die meisten Tierfutter, auch sehr oft die teureren Sorten, enthalten Fleisch und Reste von kranken Tieren. In letzter Zeit sind durch die Medien und Tierschutzorganisationen viele Fälle bekannt geworden, bei denen bekannte Futterhersteller Fleisch von krebskranken Tieren und verfaulten Kadavern ihren Produkten beigemischt haben.

Sie können sich bestimmt vorstellen, was geschieht, wenn man ein Wesen auf längere Zeit mit kranken Lebensmitteln ernährt. Es wird selbst krank und durch die enorme Kraftaufwendung zum Filtern der Schadstoffe im Körper altert das Tier wesentlich schneller. Ihr Tier raucht mit Ihnen mit, vor allem wenn es auf engstem Raum mit Ihnen leben muß, dies kostet Ihre Katze einiges an Lebensjahren.

Wenn Ihr Tier langsam in den Ruhestand übergeht, können Sie versuchen, sein Leben mit einfachen Maßnahmen zu erleichtern. Erwärmen Sie die Räume mehr als bisher, falls Sie das Gefühl haben, daß Ihre Katze sich dabei entspannen kann. Das Futter sollte nicht direkt aus dem Kühlschrank kommen und vor der Gabe zerkleinert werden. Geben Sie Ihrer Katze positiv informiertes Trinkwasser.

Wenn Ihre Katze inkontinent wird oder nicht alle Ausscheidungen dort landen, wo sie hinsollen, so ist dies sicherlich keine böse Absicht. Denken Sie an unsere Senioren im Altersheim.

Die Tiere selbst nehmen das Altern kaum wahr. Sie merken nur, wie sich ihr Körper verändert, dies ist aber für sie keine negative Erfahrung. Tieren fällt der Prozeß des Alterns und Sterbens von Natur aus viel leichter als uns Menschen. Für sie handelt es sich dabei nur um eine Veränderung.

Viele Tiere berichten mir, daß sie an Beweglichkeit verlieren, ihre Gelenke schmerzen und oft der Appetit nachläßt. Sie verbinden diese Umstände jedoch nicht mit einem Ende ihres Lebens, es hat für diese Wesen mehr die Bedeutung einer Veränderung oder Umwandlung.

Das Wissen um Leben und Sterben ist den Tieren als Übergang und Umwandlung von Energien in die Seele gelegt. Sie sehen es nur als eine Veränderung ihres Zustandes. Unsere Katzenfreunde, die ich mit Abstand zu den spirituellsten Tiere zählen möchte, sind sich dieses Lebenszyklus besonders bewußt. Katzen verfügen über die Gabe, mehrere Dimensionen gleichzeitig wahrnehmen zu können. Sie kennen ihre Parallelexistenzen, also die Tiere, in denen sie mit anderen Seelenanteilen zeitgleich inkarniert sind. Katzen wissen um ihre Lebensaufgaben und spüren, wenn es an der Zeit ist, ihren Körper aufzugeben. Aus der Sicht einer Katze ist unsere Angst vor dem Tod völlig unbegründet.

Viele Katzen entfernen sich von den Menschen oder verstecken sich kurz vor ihrem Tod, um ihnen Schmerz und Angst zu ersparen. Sie können fühlen, daß die Zeit gekommen ist, um zu gehen und entscheiden, dies in Würde zu tun. Ich habe oft mit Tieren gesprochen, die sich von zu Hause weg begaben, um ihren letzten Weg alleine zu gehen. Sie haben mir ihre inneren Bilder und ihre letzten Eindrücke von diesem Leben gezeigt und ich möchte diese Bilder mit Ihnen teilen:

Die Katzen zeigten mir ein Meer von Licht in verschiedensten Schattierungen, dieses Licht wird von einer leichten Bewegung, ähnlich einem sanften Windhauch, durchzogen. Oft liegt das Tier unter einem Baum oder auf einer Lichtung, und es befinden sich Lichtwesen, Engel und seine geistigen Führer bei dem Tier, um es mit dem letzten Atemzug hinüberzuleiten. Die körperliche Wahrnehmung verschwindet. Katzen hungern sehr bewußt kurz vor ihrem Tode, um sich schneller von ihrem Körper trennen zu können. Es durchflutet sie ein Gefühl von unendlicher Wärme, Liebe und Geborgenheit.

Ich habe in diesen Situationen niemals Angst, Trauer oder Schmerz von den Katzen empfangen. Sie übermittelten mir etwas wie: *Es ist gut so, ich bin wieder in meinem Licht, sag das meinen Menschen*.

Gibt es für Ihre Katze ein Leben nach dem Tod?

Diese mir häufig gestellte Frage kann ich sehr deutlich mit Ja beantworten. Tiere und Menschen unterliegen dem Zyklus der Wiedergeburt. Eine Seele kann mehrfach inkarnieren und diese wiederholten Inkarnationen können nach unseren zeitlichen Maßstäben bis 2000 Jahre und länger andauern. Bei einer Seele, die 2000 Jahre oder älter ist, sprechen wir von einer »alten Seele«. Katzen können demnach sehr alte Seelen in sich haben. Bei den meisten Tieren spricht man von jungen Seelen, da diese Tiere noch nicht so oft inkarniert haben. Neben Katzen spricht man auch von Krokodilen, Bisons, Schildkröten, Haien und Delphinen als alte Seelen. Junge Tierseelen sind bei Ratten, Antilopen und auch sehr oft bei Hunden zu finden. Alte Seelen erkennt man sowohl bei Tieren als auch bei Menschen an ihrer Aura, die dann eine besondere Färbung hat. Ziel der Inkarnationen bei Tieren ist genau wie bei Menschen, sich durch viele Leben Gott zu nähern. Tiere haben sich im Gegensatz zu uns Menschen nicht von Gott entfernt und müssen dadurch auch kein Karma abarbeiten.

Für Ihre Katze ist dieses Leben eines von vielen. Katzen stehen (genau wie alle anderen Tiere) in der vollen Liebe Gottes und sind seine Geschöpfe. Ein Tier kann aus diesem Grund nie einem Menschen gehören. Es begleitet den Menschen nur.

Wie sind die Tiere und Menschen in diesen Kreislauf von Geburt, Leben, Übergang und Wiedergeburt geraten und welchen Sinn hat dieses System?

Alle Lebewesen, Pflanzen und Organismen bestehen aus Energie. Im spirituellen Vokabular unterscheidet man zwischen dichten, niederschwingenden und hochschwingenden Energien bzw. zwischen positiven und negativen bzw. lichten und dunklen Energien.

Sowohl Tiere als auch Menschen haben bestimmte energetische Zustände. Je hoch schwingender ein Wesen ist, desto näher ist es an der göttlichen Energie. Ein feinstofflich hoch schwingender Mensch ist frei von belastenden Energien. Da er aus sich selbst heraus sehr hohe

Schwingungen erzeugen kann, ist er unabhängig von bestimmten Heiltechniken wie Reiki oder Prana-Heilung. Leider gibt es nur wenige Wesen, die so nahe an der göttlichen Quelle sind. Für uns Menschen bedeutet dies, daß wir ständig darum bemüht sein sollten so »hochenergetisch« wie möglich zu werden. Die Wege, die dorthin führen, können sehr unterschiedlich sein.

Tiere können, genau wie Menschen, über eine bestimmte Schwingungshöhe verfügen. Die Schwingungshöhe ist bei Tieren sehr stark von dem bisher Erlebten sowohl in diesem als auch in früheren Leben abhängig. Je mehr Erfahrungen aus diesem oder früheren Leben ein Tier aufzuarbeiten hat, desto weniger kann es seine Schwingung erhöhen und umgekehrt.

Wie entsteht eine Katzenseele?

Der göttliche Urstamm, das reine Licht, dehnt sich aus. Man kann sich diese Ausdehnung am besten vorstellen, indem man einen Baumstamm visualisiert, aus dem dicke Äste (Monaden), feinere Äste (Überseelen) und Zweige (Zwillingsseelen) wachsen.

Die feinsten und unserer eigenen Seele am nächsten stehenden Seelenverbindungen nennt man Dualseelen. Alle Lebewesen (und natürlich auch Katzen) haben eine Dualseele; diese ist meist das genaue Spiegelbild der eigenen Seele. Dualseelen haben oft die gleichen Interessen, Vorlieben oder Krankheiten.

Dualseelen

In meiner Praxis bekomme ich oft die Frage gestellt, ob die Dualseele für einen Menschen auch den idealen Lebenspartner darstellt. Ich möchte in diesem Absatz kurz auf das Thema eingehen: Ich bin der Meinung, daß die

Dualseele einer Person nicht immer automatisch der ideale Partner ist. Dualseelen können oft ähnliche Themen haben. Das heißt, sie können aufeinander energetisch wirken und sich auch ausgleichen. Im Idealfall kann damit eine ebenmäßige (harmonische) Schwingung aufgebaut werden. Dies ist allerdings sehr oft auch umgekehrt, d. h., die Dualseelen können auch eine negative Schwingung verstärken.

Auch Tiere haben Dualseelen

Ich hatte einmal in meiner Praxis Besuch von einem Kater, der immer wieder offene, wunde Pfoten hatte. Nachdem ich mit der Seele des Katers Verbindung aufgenommen hatte, wurde mir das Bild von einem Tanzbären mit einem Ring in der Nase vermittelt. Ich habe erkannt, daß der Kater, immer wenn der Tanzbär gequält wurde und Schmerzen hatte, versuchte, die Schmerzen seiner Dualseele auf sich zu nehmen. Ich habe den Kater davon überzeugen können, daß diese Reaktion seinem Menschenfreund auch Schmerzen bereitete, und daß er damit aufhören sollte, was er auch verstand. Ich unterstützte ihn durch eine energetische Trennung von seiner Dualseele. Nach dieser Behandlung bekam der Kater keine offenen und wunden Stellen mehr.

Die Seele

Die einzelne Seele sollte man nicht als einen starren, unveränderlichen Teil betrachten. Die Seele besteht vielmehr aus einer Verbindung vieler Seelenanteile, die ihrerseits mit verschiedenen Überseelen verbunden sind. Die Seele ist somit als ein leuchtendes Bündel von Seelensträngen zu sehen, das seine Zusammensetzung von Leben zu Leben verändert. Wenn ein Seelenanteil seine

Aufgabe gelernt und sein für dieses Leben getragenes Karma bewältigt hat, wird er sich im nächsten Leben in anderer Zusammensetzung der Seelenanteile wiederfinden.

Wir verfügen über einen *Hauptseelenanteil,* der während unserer verschiedenen Leben gleich bleibt. Dieser Seelenanteil ist es, der mich als Nicole und Ihre Katze als Kasimir oder Nelly durch alle Leben hindurch ausmacht. Dieser Anteil ist unveränderlich und wird von den übrigen Seelenanteilen wie ein geflochtenes Seil von vielen Fäden umfaßt. Diese andern Seelenanteile prägen den Charakter und die Möglichkeiten eines Lebewesens.

Wir als Menschen können zum Beispiel viele Parallelseelenanteile in einem Hund oder einer Katze haben. Dadurch fühlen wir uns diesen Lebewesen besonders verbunden, wir sind dann für alles, was diese Tiere anbelangt, sehr empfänglich. Man spricht hierbei auch von einem Hunde-, Katzen- oder einem anderen Tier-Menschen.

Wann ist eine Inkarnation erfolgreich beendet?

Die Beendung einer Inkarnation (manchmal erst nach Jahrtausenden) tritt dann ein, wenn eine inkarnierte Seele ihren Aufstieg zu Gott macht. Als Aufstieg, dessen Vorläufer zu Beginn der neuzeitlichen Esoterikbewegung auch Erleuchtung oder Samadhi genannt wurde, bezeichnet man das Loslösen von Karma und das Verlassen des Kreislaufs der Wiedergeburt. Es bedeutet Erlösung, nicht aber den Tod eines Wesens.

Da Tiere nie wie wir Menschen in eine Form von Abtrennung gegangen sind, also ihre Inkarnationen bewußt erleben, gibt es für sie auch keinen Bedarf des Aufstiegs. Für Tiere ist das Erleben in einer Inkarnation ein Erkennen von Gott. Sie erkennen darin sich selbst.

In meinen Workshops kann ich an diesem Punkt die große Frage aller Teilnehmer leicht ohne meine hellsichtigen Fähigkeiten in den Gesichtern lesen: Wenn Tiere göttlichen Ursprungs sind, wieso läßt Gott dann zu, daß sie soviel Leid erfahren?

Tiere werden auf dieser Erde:

- gegessen
- zu Versuchszwecken gequält
- von Menschen sexuell mißbraucht – ein Thema, um das viele Menschen nicht wissen, da es selbst von vielen Tierschutzorganisationen totgeschwiegen wird
- dazu benutzt, die emotionale Leere der Menschen zu füllen

Tiere sind den Menschen in der Schöpfung gleichgestellt. Im Alten Testament wird darauf hingewiesen, daß Tiere und Menschen aus dem gleichen Lehm der Erde, also denselben Genen, erschaffen wurden, daß alle einen Geist haben, und daß es keine Überlegenheit des Menschen gegenüber dem Tier gibt.[1]

Da hier davon gesprochen wird, daß Tiere eine Seele besitzen, folgere ich daraus, daß die Besitzer dieser Seelen (Tiere) sich innerhalb dieser Schöpfung bewußt wahrnehmen und einen freien Willen, aber andere Aufgaben und Blickwinkel für ihre Existenz haben als wir Menschen. Tiere helfen der Menschheit, bestimmte Entwicklungen zu durchlaufen und sich selbst zu erfahren.

Tieren wird durch unsere Hand viel Leid zugefügt. Von

---

[1] Prediger 3:19: »Denn es gibt eine Zufälligkeit hinsichtlich der Menschensöhne und eine Zufälligkeit hinsichtlich des Tieres, und dieselbe Zufälligkeit trifft sie. Wie der eine stirbt, so stirbt der andere, und sie alle haben nur einen Geist, so daß es keine Überlegenheit des Menschen gegenüber dem Tier gibt...«

Tierversuchen bis hin zu kleinen Wohnungen, in denen wir aus Angst vor der eigenen Einsamkeit ein Wesen dazu verdammen, mit uns zu hausen.

Warum Gott bei Quälereien nicht eingreift, läßt sich am ehesten folgendermaßen erklären: Gott als reine Energie ist neutral. Wir haben vor unserer allerersten Inkarnation in den Kreislauf der Wiedergeburt durch unseren freien Willen und die Abtrennung den Verlust unserer göttlichen Fähigkeiten herbeigeführt. Zu den verlorenen Fähigkeiten gehören Hellsichtigkeit, Hellfühlen, Channeln und das Unterscheiden von Negativem von Positivem.

Aus diesem Grund haben wir keinen Überblick über die Folgen unserer Handlungen, die auch dazu führen können, daß Tiere gequält werden. Tiere werden in der Regel von Menschen gequält und nicht automatisch durch die Natur. Da aber wir Menschen dem Prinzip des freien Willens und der individuellen Verantwortung unterworfen sind, erfahren Tiere durch unsere Handlungen viel Leid, ohne daß Gott hier eingreift. Wir tragen das Karma, das wir verursachen, mit uns und müssen es selbst abtragen.

Je reiner ein Mensch ist, desto klarer ist sein Kontakt zu den Tieren, Engeln und allen Wesen, die ihn auf seinem Weg helfend zur Seite stehen. Durch diese Begleitung kann der Mensch die Abtrennung von Gott überwinden und den Weg zu seiner Reinheit beschreiten. Wenn diese Klarheit hergestellt ist, wird es dem Menschen erlaubt, mit Tieren zu sprechen, Licht auf der Erde zu verbreiten und im besten Fall auch seinen eigenen Inkarnationskreislauf abzuschließen.

Vergessen Sie bitte auch die Formulierung von schlechtem oder gutem Karma. So etwas gibt es nicht. Es existiert nur Karma in Verbindung mit der Abtrennung und manche von uns haben sich durch ihre Taten, Worte und Gefühle mehr von Gott abgewendet als andere. Sie haben sozusagen mehr Karma. Hier kommen wir zum Ursprung dieses Begriffs, Karma oder Karman kommt aus dem Sanskrit (altindische Gelehrtensprache) und bedeutet Handeln, Werk. Gemeint ist damit das Handeln des Menschen, welches sein Wesen und Schicksal im Leben und nach dem Tode bestimmen wird.

Wie empfinden Katzen ihren Übergang?

Grundsätzlich haben Katzen einen andern Bezug zu ihrem Sterben als wir Menschen. Man sagt den Katzen neun Leben nach, was wohl seinen Ursprung darin hat, daß sie Situationen, die für andere Tiere bereits tödlich geendet hätten, mit Bravour überstehen. Der Begriff der neun Leben müßte eigentlich in »neun Ebenen des Daseins oder Bewußtseins« umgewandelt werden.

Katzen sind auf neun von vierundzwanzig Dimensionsebenen zu Hause und sich dessen bewußt. Der Durchschnittsmensch hat Zugang zu drei Ebenen. Eine Ebene beschreibt hier nicht die in der Esoterik bekannten Lichtkörperebenen, sondern bestimmte Dimensionen und die damit verbundenen Existenzebenen, die z. B. andere Planeten oder Engelwelten umfassen.

Eine Katze kann sich nach einer Verletzung oder einem Schock mit einem Großteil ihres Bewußtseins in eine der anderen Ebenen zurückziehen und sich dort regenerieren. Die langen und beinahe komatös erscheinenden Schlafphasen einer Katze sind Zeiten, in denen sie sich auch in diese Ebenen zurückzieht.

Ihrer Katze ist es möglich, in andere Dimensionsebenen ihres Daseins bewußt einzutauchen. Dies läßt Katzen so geheimnisvoll und mystisch erscheinen und bewog früher ängstliche und abergläubische Menschen dazu, die Katzen der dunklen Seite, dem Negativen zuzuordnen.

Katzen, und speziell solche, die von der Natur mit einem schwarzen Fell ausgestattet wurden, waren während der großen Hexenverbrennungen von 1550 bis 1650 zusammen mit Ziegenböcken beliebte Opfer der Inquisition. Man warf diesen Tieren vor, einen Pakt mit dem Teufel geschlossen zu haben und so auf schwarzmagische Weise viele Situationen zu überleben. Daher stammt auch die Angst vor einer schwarzen Katze, die den Weg kreuzt: Ursprünglich glaubte man, der Teufel würde sich auf diese Weise zeigen und den Plan oder Weg des Passanten sabotieren.

Für Katzen stellt sich der Übergang (Tod) zu einer anderen energetischen Zustandsform nicht als Ende des Weges dar, sondern als Teil ihrer Entwicklung und ihr Weg zum Schöpfer. Dadurch können sie auch unsere Trauer nicht verstehen und ziehen sich lieber zurück. Sie sind sich ihres Todes und Übergangs sehr bewußt und würden dies auch leicht bewältigen, wenn sie nicht so sehr an ihren Menschen hängen würden. Sie spüren daß der Mensch nicht bereit ist, Abschied zu nehmen bzw. sie gehen zu lassen. Wir Katzenhalter sollten mit Verständnis für diese Situation unsere Katzen in Frieden, mit Freude und Entspannung gehen lassen.

Was passiert im Moment des Todes mit meiner Katze und wie empfindet sie ihn?

Wenn der Zeitpunkt des Übergangs gekommen ist, finden sich Übergangsengel bei der sterbenden Katze ein. Oft werden diese von Tierengeln begleitet, die auch wirklich wie Tiere aussehen. Die sich einfindenden Engelwesen helfen dem Tier, sich langsam von seinem Energiefeld zu lösen, bauen energetische Bänder ab und helfen dem Tier dabei, die Funktionen seines Körpers zu verlangsamen bzw. einzustellen.

Oft schlafen Tiere vor ihrem Tod auffällig lange und viel. Sie beginnen dann schon damit, ihre Hülle in bestimmten Abschnitten zu verlassen und die Verbindung vom Körper zur Seele zu trennen. Je näher der Moment des Gehens rückt, desto mehr Licht ist um das Tier.

Im Moment des Todes beginnt das Tier meist schneller zu atmen. Es hat das Gefühl, keine Luft mehr zu bekommen, und fängt regelrecht an, nach Luft zu schnappen. Man nennt diese Atmung auch Schnappatmung. Meist spürt man, wie die Seele jedes Körperglied und jede Faser eines Tieres verläßt, bis sie schließlich über das Maul austritt, manchmal auch über das Herz. Für »Hellsichtige« schwebt dann eine pulsierende Kugel aus Licht im Raum.

Dieses Licht verläßt den Raum sehr schnell und man hat das Gefühl, die Katze sei verschwunden. Es kann allerdings auch vorkommen, daß die Seele der Katze sich noch nicht von ihrem Menschen trennen kann, dann bleibt sie in seiner Umgebung und verläßt den Raum erst, nachdem eine wirkliche Trennung stattgefunden hat. Dieser Prozeß kann mehrere Wochen dauern.

Manche Tiere haben eine sehr starke Verbindung zu ihrem ehemaligen Körper und benutzen den energetischen Abdruck bzw. eine gewisse Frequenz ihres ehemaligen Körpers, um bei ihrem Menschen bleiben zu können.

Katzenfreunde erzählen mir immer wieder, daß sie aus der Richtung des Katzenkorbes nach dem physischen Tod der Katze vertraute Geräusche hören, daß das Kissen sich warm anfühlt. Diese Phänomene ereignen sich meistens nachts, wenn die Seelen der Tiere leichter Energien sammeln und in die Form des ehemaligen Körpers leiten können. Sie, der Katzenhalter, wachen dann auf, wenn Sie die vertrauten Schurrhaare an Ihrer Wange zu spüren glauben, oder weil sich ein Gewicht wie das Ihres früheren Tieres an das Fußende des Bettes legt.

All das sind lichte Momente, die nur möglich sind, wenn Ihr Tier Sie sehr liebt. Sie brauchen also keine Angst zu haben, denn auch diese letzten Frequenzen Ihres Tieres lösen sich nach und nach.

Das folgende Ritual hat sich als sehr wirkungsvoll und unterstützend für die Seele eines Tieres nach seinem Übergang (oder währenddessen) erwiesen.[2]

Begeben Sie sich in einen meditativen Zustand. Am besten schalten Sie Telefon und Türglocke aus, schließen die Fenster und räuchern vorher etwas mit einer beruhigenden Kräutermischung. Sie sollten gereinigt, also geduscht oder gebadet sein. Nehmen Sie eine bequeme Sitzposition ein (legen Sie sich nicht hin!) und schließen Sie Ihre Augen.

- Atmen Sie ca. fünfzehn Mal in Ihr Herz (Brustkorb).
- Atmen Sie dann über Ihrem Kopf in Ihr Kronenchakra ein und stellen Sie sich vor, den Atem die Wirbelsäule entlang nach unten zu ziehen und im Wurzelchakra auszuatmen.
- Wiederholen Sie diese Atmung fünfzehn Mal.
- Atmen Sie dann im Wurzelchakra ein und ziehen Sie den Atem, das Licht in Ihrer Vorstel-

2 Dieses Ritual ist auch auf unserer CD3 unter dem Titel »Abschied nehmen« erhältlich und auf alle Tiere anwendbar.

lung, über die Wirbelsäule nach oben und atmen Sie über dem Kronenchakra aus.

- Wiederholen Sie diese Atmung fünfzehn Mal. Atmen Sie dann zwanzig Mal abwechselnd im Kronenchakra ein und im Wurzelchakra aus.
- Wiederholen Sie diese Atmung in umgekehrter Folge.
- Visualisieren Sie dann weißes Licht (Ihre göttliche Verbindung) und versuchen Sie, Wärme oder eine Verbindung zu diesem Licht zu spüren. Versuchen Sie, sich hinzugeben. Wenn Sie eine Verbindung wahrnehmen, so versuchen Sie, diese mit einem Gefühl der Liebe zu verstärken.
- Rufen Sie dann laut oder in Gedanken Ihre geistigen Führer (auch wenn Sie diese nicht kennen), Engel und Meister (siehe Anhang B, Unterstützer der Tierkommunikation).
- Stellen Sie sich eine goldene Lichtbrücke vor, die Ihrem Herzen entspringt und im Licht mündet. Bitten Sie jetzt die lichten Engel des Übergangs, zu erscheinen.
  Vielleicht nehmen Sie nach einigen Minuten zwei Lichter links und rechts von der Brücke wahr. Auch wenn Sie diese Wesen nicht wahrnehmen können, sind sie da.
- Bitten Sie jetzt das Tier, welches Sie begleiten wollen, auf diese Brücke. Danken Sie ihm und teilen Sie ihm alles mit, was Sie ihm sagen möchten. Entschuldigen Sie sich nun für Übergriffe und für alles, womit Sie dem Tier bewußt oder unbewußt Leid zugefügt haben. Senden

Sie all die Liebe und das Licht, die Sie für Ihr Tier empfinden.
- Lassen Sie nun zu, daß die Engel des Übergangs Ihr Tier auf der Brücke in das Licht begleiten. Lassen Sie zu, daß Ihr Tier Licht wird. Ihr Tier ist nun gelöst und kann sich wieder in seine Überseele einschwingen.
- Ziehen Sie Ihre Lichtbrücke wieder in Ihr Herz zurück. Bedanken Sie sich bei Ihren geistigen Helfern und visualisieren Sie einen dunkelblauen Mantel um sich herum.
- Atmen Sie mehrmals in Ihr Herz und bewegen Sie ihre Finger und Zehen. Öffnen Sie die Augen und gönnen Sie sich noch für ca. eine halbe Stunde Ruhe.

Auch wenn sich Ihre Katze noch im Prozeß der Loslösung von ihrem Körper befindet, haben Sie ihren Weg sehr erleichtert. Mit diesem Ritual zwingen Sie kein Tier, das noch nicht bereit ist zu gehen. Wenn das Tier noch nicht bereit sein sollte, geben Sie ihm auf diesem Weg die Möglichkeit, seine Verbindung zum Licht zu stärken.

Kater Tommys Geschichte

An dieser Stelle möchte ich Ihnen eine Geschichte erzählen, die ich selbst erlebt habe.

Die Halter des Katers Tommy riefen mich an einem Samstagnachmittag an und erklärten, daß es sich um einen Notfall handele. Tommy war fünfzehn Jahre alt und unter seinem ehemals grauschwarzen Tigerfell hatte der Krebs seit Monaten eine erbitterte Schlacht mit dem Lebenswillen des feingliedrigen Katers ausgetragen. Seine Augen waren müde und blickten ungläubig auf die von Infusionsstichen geschwollenen Stellen auf seinem hageren Körper.

Seine Menschenfreunde, eine ganze Familie, die verzweifelt versucht hatten, ihm zu helfen, buchten einen telefonischen Nottermin, um mehr über Tommys Wünsche zu erfahren. Sie wollten wissen, ob es an der Zeit für ihn war zu gehen, und ob er dabei ärztliche Hilfe benötigen würde.

Einige Stunden später nahm ich bei mir zu Hause in Ruhe Kontakt zu dem zarten Kater auf. Er sagte mir, er liebe seine Menschenfreunde von ganzem Herzen und wäre ihnen sehr dankbar. Da er allein nicht mehr als wenige Meter laufen konnte (seine Beine waren zu schwach) wünschte er sich sehnlichst, zu den zwei Vögeln im Garten zu kommen. Er wollte sie noch einmal sehen und zeigte mir einen riesigen alten Baum, dessen Stamm sich in der Mitte teilte und als zwei Bäume weiterzuwachsen schien. Die Äste der einen Seite des Baumes hatten kleine weinrote Blätter und die Äste der anderen Seite rot-gelb geflecktes Laub.

Tommy zeigte mir spielende Kinder und die Straßen und Bäume in seiner Umgebung, die er genau kannte. Ich sollte seinen Haltern mitteilen, daß er diese Stellen noch einmal sehen wollte, um dann in seinem Herzen Abschied zu nehmen.

Ich gab ihm eine Fernheilung und sprach ein Gebet des Friedens für das Tier.

Als ich seine Botschaft den Menschen am Telefon mitteilte, wurde es einen Augenblick still. Dann erklärte Tommys Halterin, daß es in ihrem Garten einen Brunnen gäbe, der aus zwei kleinen Bronze-Spatzen gebildet wurde und auf dem die Sonne reflektierte. Tommy schien diese Vögel über Jahre beobachtet zu haben, und er liebte das Spiel der Lichtstrahlen, die sich mit dem feinen Wasserfunken zu einem Sprühregen vereinten.

Auch der von Tommy gezeigte Baum stand im Garten der Familie und war wohl so etwas wie eine Laune der Natur. Er war tatsächlich zweigeteilt und jede Hälfte hatte Blätter in roter bzw. gelber Farbe.

Der Kater verbrachte zu seinen gesunden Zeiten Stunden auf den niedrigen Ästen des Baumes, um erst im Herbst seinen dortigen Lieblingsplatz gegen die wärmende Fensterbank einzutauschen. Die Frau berichtete weiter, daß sie den jungen Kater zusammen mit ihrem neugeborenen Sohn mit zu Spaziergängen mitgenommen hatte. Tommy war wie ein Hund neben dem Kinderwagen hergelaufen und kannte deswegen Straßen, Häuserfassaden und bestimmte Wege. Er war auf seine ganz besondere Art ein Straßenkater.

Zwei Tage später meldete sich ein Mitglied aus Tommys Familie bei mir. Der Bruder von Tommys Frauchen erzählte, daß alle Familienmitglieder zusammen mit Tommy auf dem Arm die Plätze seines Herzens besucht hatten. Sie waren zu den Vögeln und dem Baum gegangen und hatten einen Spaziergang entlang der Straßen seiner Erinnerung gemacht. Danach saßen sie mit Tommy, der in eine wärmende Decke gehüllt war, auf der Veranda. Alle hatten sich von ihm verabschiedet, und eine Stunde später schloß Tommy seine Augen, seufzte tief und ging in eine andere Welt.

Bei Tommy hatte mich neben der zarten Schönheit seiner Seele und dem Kampfgeist, den er bewies, besonders sein Bewußtsein für die Plätze und Orte seines Lebens erstaunt und mit tiefem Respekt erfüllt. Er hat mich teilhaben lassen an den für ihn so wichtigen Bildern seines Lebens, und so freute ich mich mit dem kleinen Kater, dessen sterbliche Hülle ihre letzte Ruhe unter seinem geliebten Baum gefunden hat.

Mit Würde und in Frieden

Grundsätzlich gilt, ein Lebewesen kann nur dann in Frieden und mit Würde sterben, wenn alle seine seelischen Verbindungen, also auch emotionale Bindungen und Belastungen, aufgelöst sind und es das Gefühl hat, daß es ohne Zögern seinen Körper verlassen kann.

Wenn Ihr Kätzchen in die Jahre gekommen ist und sich das Ende eines Weges voller Erfahrungen und Wachstum abzeichnet, werden Sie als Katzenhalter spüren, welche Themen in Ihrem gemeinsamen Lebensabschnitt wichtig waren.

War Ihr Verhältnis zu Ihrer Katze immer klar und offen und sind Sie ein »klarer Mensch« gewesen, so wird Ihre Katze in Frieden altern und wahrscheinlich ruhig diese Erde verlassen und die Bindung zu Ihnen lösen. Wurden die Bedürfnisse Ihrer Katze von Ihren Emotionen und Bedürfnissen überlagert, so haben sich dunkle Energieablagerungen auf den Verbindungslinien zwischen Ihnen und Ihrer Katze gebildet. Durch diese Ablagerungen wird die Trennung erschwert. Sie werden bei dem Tod Ihres Tieres mehr mit Ihren eigenen Emotionen und Selbstmitleid zu tun haben als mit seinem tatsächlichen Übergang und Aufstieg.

Fazit: Alles, was Sie für Ihr spirituelles Wachstum tun, egal ob Sie Bücher lesen, Kurse besuchen oder anderen Menschen und Tieren helfen, wird Ihre Empfindung und Klarheit stärken. Ihre Katze wird ihr Leben lang davon profitieren und sich bei Ihnen bedanken.

Wie erkenne ich, wann mein Tier gehen möchte und ob es Hilfe braucht?

Ihr Tier braucht Ihren Beistand, wenn es Schmerzen hat, Lebenskraft verliert und erschöpft ist. Viele Tierhalter neigen in solchen Situationen dazu, das Tier sehr schnell einschläfern zu lassen. Ich möchte hier klar und eindeutig erklären, daß das Einschläfern der allerletzte Ausweg sein sollte. Es steht uns eine Reihe von Hilfsmitteln für unsere Katzen zur Verfügung, die wir auf jeden Fall vor diesem letzten Ausweg einsetzen sollten.

Mögliche Hilfsmittel zur Unterstützung Ihres Tieres bei seinem Übergang sind:

- Schmerzstillende Mittel
- Divine Healing und andere Heilenergien (siehe Anhang)
- Blütenessenzen und Kräutermischungen
- Heilbehandlungen der traditionellen chinesischen Medizin (TCM)

Sollten die Schmerzen allerdings unerträglich werden und sollte Ihre Katze keine Nahrung mehr aufnehmen können, sollten Sie beginnen, über einen Abschied nachzudenken. Handeln Sie hier im Interesse Ihres Tieres. Ich empfehle Ihnen, sich die Unterstützung eines guten Tiermediums und den Rat eines Tierarztes zu holen, um die Lage besser einschätzen zu können.

Was kann der Tierarzt tun?

Seit Jahren versuchen die Medien, die Arbeit eines Tiermediums und eines Tierarztes als widersprüchlich darzustellen. Ich habe in all meinen Sendungen meinen Standpunkt hierzu klar dargestellt: Ein Tierarzt (im besten Fall ein Veterinärmediziner mit naturheilkundlicher Zusatzausbildung) und ein Tiermedium ergänzen einander. Beim Übergang eines Tieres kann ein einfühlsamer Tierarzt eine große Hilfe sein.

Vor der allerersten Konsultation sollten Sie überprüfen, ob der Arzt im Notfall auch außerhalb seiner Sprechzeiten erreichbar ist und ungewöhnliche Behandlungszeiten auch in Kauf nimmt. Dies ist in manchen Großstädten immer noch ein Problem.

Tierarzt-Checkliste:

- Macht er Hausbesuche?
- Hat er eine Notfallnummer?
- Wie steht er dem Einschläfern gegenüber?
- Nimmt er sich im Ernstfall Zeit?

Man sollte sich darüber im Klaren sein, daß Tierärzte durch das Kastrieren, Sterilisieren, Impfen und Einschläfern den Löwenanteil ihres Umsatzes bestreiten.

Das Einschläfern eines Tieres ist in unserer Gesellschaft zu einer kranken Selbstverständlichkeit geworden. Es ist leider üblich, daß Katzenhalter, die mit dem Alter und dem Gesundheitszustand eines Tieres nicht mehr zurechtkommen, Menschen die sich selbst Leid ersparen wollen, und Menschen, die nicht weiter Geld in ein älteres Tier und dessen Genesung investieren wollen, ihre Tiere wie alte Autos ausmustern. Wenn ein Mensch einen der genannten Punkte versteht, sollte dieser meiner Meinung nach das Zusammenleben mit einem Tier gar nicht in Erwägung ziehen.

Ein Tierarzt sollte ins Haus kommen und mit dem Tier vertraut sein, wenn es um den letzten Schritt geht. Er sollte sich Zeit nehmen können und das Einschläfern eines Tieres nicht gehetzt zwischen anderen Terminen vornehmen. Wichtig ist, daß Ihre Katze energetisch gelöst und bereit zu diesem Schritt ist. Das wird durch die Arbeit eines erfahrenen Tierkommunikators erreicht.

Hierbei sind Anfänger in der Tierkommunikation meist sehr befangen. Mit dem eigenen Tier ist ein objektives Arbeiten nur sehr schwer möglich. Damit ein Tiermedium oder ein Tierkommunikator die Frage nach dem letzten Schritt zum Wohl der Katze beantworten kann, muß er die Kontaktaufnahme mit dem hohen Selbst und der Seele des Tieres beherrschen.

Die direkte Befragung einer Katze bringt hier wenig. Sie können sich vorstellen, wie wir auf die Frage nach einer Todesspritze reagieren würden. Da nur wenige Kommunikatoren dieses Feld beherrschen, gibt ein unerfahrenes Tiermedium in solch einem Fall häufig eine Antwort aus seinem eigenen Resonanzfeld (eigenes Gedankengut).

In meinen Kursen werden die Schüler genau auf diesen Punkt trainiert. Sie lernen durch verschiedene Techniken, ihr eigenes Resonanzfeld zu isolieren und das des Tieres klar zu erkennen.

Für ein Tier, das sehr willensstark und mit seinem Körper über die Kraft seines Geistes verbunden ist, kann es schwer sein, sich aus seinem Körper zu lösen, auch wenn es selbst gehen möchte. Hier helfen bestimmte Energiebehandlungen, die es dem Tier ermöglichen, sich leichter und in Frieden aus seinem Körper und den damit verbundenen Erinnerungen zu lösen. Oft hilft solch eine Behandlung dem Tier dabei, seinen Körper, ohne die Hilfe eines Tierarztes, in Frieden zu verlassen. Ich selbst bringe in so einem Fall das Körperfeld mit den höheren Aspekten in Einklang. So erfährt das Tier tiefen Frieden und kann sich von allem, was es an sein irdisches Dasein bindet, lösen. Die Anwendung dieser Technik funktioniert allerdings nur, wenn die Seele des Tieres es zuläßt.

Altersvorsorge

Viele E-Mails, Briefe und Anrufe erreichen mich mit der Bitte um einen Platz für eine Katze, die nach dem Tod ihres Menschen oder dessen Umzug in ein Altersheim bzw. Krankenhaus heimatlos geworden ist. Immer wieder stellt sich dabei heraus, daß sich die Menschen über diesen Ernstfall keine Gedanken gemacht und keine Vorsorge getroffen haben. Unsere Tiere, und gerade Katzen, sind von ihren Menschen abhängig. Bei Katzen kommt es beim Einzug in ein neues Heim oft zu einem problematischen Zustand. Sie haben den Kontakt zu ihrem geliebten Menschen verloren, müssen mit diesem Schock zurechtkommen und sollen sich gleichzeitig artig in ihrem neuen Zuhause benehmen. Ich bitte Sie in einem solchen Fall um Nachsicht. Wir sollten den Katern und Katzen beistehen, damit sie mit Hilfe von viel Liebe, Zeit und vielleicht etwas naturheilkundlicher Unterstützung mit dem Erlebten und der Umstellung besser umgehen können. Dabei helfen Bachblüten-Rescue-Tropfen, Arnika in C30-Potenz als Schocklöser und Aura-Soma Flasche Nr. 26.

Es ist immer hilfreich, eine schriftliche Verfügung auszuarbeiten, in der der Verbleib des Tieres, nach Möglichkeit verbunden mit einer entsprechenden Geldsumme für Tierarztkosten und Futter, festgelegt ist. Ein kleiner, nur für die Katze angelegter Sparplan gibt nicht nur ein gutes Gefühl, er hat sich auch schon oft als dringend erforderlich erwiesen. Ich finde, es ist ein sehr schönes Gefühl, zu wissen, daß meine Tiere versorgt sind, falls ich diese Erde früher als ich denke verlassen sollte. Für ihr Wohl ist emotional und finanziell gesorgt.

Die Bestattung

Ich möchte unangenehmen Fragen nicht aus dem Weg gehen. Dies gilt auch für die Frage nach dem Verbleib des Tierkörpers. Grundsätzlich haben Sie zwei Möglichkeiten, das Kremieren (Einäschern) oder die Beerdigung.

Nach energetischen Gesetzmäßigkeiten sollte man ein Tier entweder am selben Tag oder am dritten Tag nach seinem Verscheiden bestatten. Am selben Tag aber nur, wenn der Körper sehr zerfallen ist und nur wenig Licht in den Zellen speichern konnte, wie es z. B. bei Krebskrankheiten und anderen Zellveränderungen im Körper der Fall ist. Wenn Sie ein Tier am selben Tag beerdigen, kann es sein, daß sich die Seele noch nicht vollständig vom Körper getrennt hat. Nach drei Tagen, dem so genannten Bardo, welches wir in fast allen Weltreligionen finden, kann der Körper beerdigt werden. Sie sollten Ihr Tier am besten nur in ein weißes Leinentuch eingewickelt der Erde zurückgeben, aus der es kommt.

Begraben Sie es an einer schönen Stelle und achten Sie darauf, daß Füchse oder andere Tiere Ihre Katze nicht wieder ausgraben können. Notfalls beschweren Sie das Grab mit einem Stein. Ich bin nicht für Särge oder kunstvoll gestaltete Behälter, weil diese den Zerfall des Körpers verlangsamen oder verhindern. Je schneller der Körper in einen anderen Elementarzustand übergegangen ist, desto schneller kann ein Tier mit all seinen Anteilen wieder reinkarnieren.

Wir Menschen haben mit diesen Tatsachen oft ein ästhetisches Problem, nicht aber die Tiere, für die es zum Kreislauf des Lebens gehört und damit völlig normal ist. Wenn Sie Ihr Tier in der Erde beisetzen (was Sie offiziell nicht dürfen!), können Sie Blumen oder einen Abschiedsbrief beilegen.

Die zweite Möglichkeit ist die Einäscherung. Durch den Akt des Verbrennens werden alle negativen Energien getrennt und die Seele kann sich schneller lösen. Außerdem belasten wir die Erde nicht mit Krankheiten und Schmerz. Die Erde, unsere Mutter, muß im feinstofflichen Bereich alle Energien verarbeiten, die an sie abgegeben werden.

Auch der Katze fällt es nach der Verbrennung ihres ehemaligen Körpers leichter, Krankheit und Trauer zu vergessen. Verstreuen Sie die Asche an einem schönen Platz in der Natur und pflanzen Sie einen kleinen Baum. Das Tierkrematorium Rosengarten in der Nähe von Hamburg bietet auch die Möglichkeit, den zur Anlage gehörenden wunderschönen Garten zum Verstreuen der Asche zu nutzen.

Ich kann Ihnen empfehlen, die Asche des Tieres zu verstreuen und nicht etwa zu Hause in einer Urne aufzubewahren. Wenn Sie die Asche eines verstorbenen Tieres bei sich zu Hause aufheben, müssen Sie damit rechnen, daß sich noch nicht aufgelöste negative Energien binden und Sie und Ihre Mitbewohner (auch Tiere) belasten. Außerdem ziehen Sie mit Ihrem emotionalen Bezug zu der Urne immer wieder die Seele Ihrer Katze zu sich und verhindern so, daß diese frei werden kann.

Begräbnisritual

Ein sehr schönes Ritual besteht darin, etwas von allen Elementen auf das Grab zu legen, als Symbol dafür, daß sich der Körper wieder in alle Elemente zersetzt:

Sie können eine Blume oder einen Strauch pflanzen. Mit dem Wachstum der Pflanze, die Sie immer an Ihr Tier erinnern wird, können Sie beobachten, wie sich das verstorbene Wesen wieder mit Gott verbindet.

Sie können einen Stein beilegen und ihn bitten, auf Ihr Tier zu achten. Tiere haben eine enge Beziehung zu Mineralien. Ich würde den Lieblingsstein Ihres Tieres nehmen oder einen Rosenquarz.

Sie können gesegnetes Wasser über das Grab gießen und das Wasser als Symbol für den Kreislauf des Lebens ansehen.

Sie sollten Ihr Tier möglichst NICHT in die Restkörperverwertung Ihres jeweiligen Wohnortes geben. Die Körper werden dort oft weiter verwertet und landen im Tierfutter oder als Seife auf Ihrem Waschtisch.

Es gibt Tierfriedhöfe, in denen jedes Tier sein eigenes Grab erhält und Sie das Grab besuchen können. Sie müssen wissen, daß sich auf so einem Friedhof viel Leid ansammelt und diese Energien sich nicht positiv auf uns auswirken.

Kein Wort des Trostes, kein Gedanke, und sei er auch noch so gut und lichtvoll gemeint, hilft in der Zeit nach dem Übergang eines Tieres. Sosehr uns die Trennung von einem Tier Schmerzen bereitet, aus göttlicher Sicht und aus der Sicht des Tieres und seiner Seele ist dieser Tod ein Stufenwechsel. Es gibt nichts, was für eine Seele bedeutungsvoller ist, als der Moment des Übergangs und die Phase der Wiedergeburt. Lassen wir das Tier also seinen Weg gehen, freuen wir uns für es und tun alles dafür, daß es seinen Weg leichter gehen kann.

Ich möchte dieses Kapitel mit einem Gedicht von Rudyard Kipling schließen. Ich lese es immer, wenn sich ein Tierbruder oder eine Tierschwester in diesem Leben von mir verabschiedet:

Robbenschlaflied

Oh schlaf nun ein, mein Kleines, die Nacht hat uns wieder.
Und schwarz sind die Wasser, die funkelten grün.
Der Mond über Schaumkronen sucht uns und sieht uns,
Wie wir in den rauschenden Tälern jetzt ruh'n.
Dein Kissen sei weich, dort wo Woge trifft Woge:
Ach müd' sind die Flossen, drum kuschel' dich fein!
Kein Sturm soll dich wecken, kein Hai soll dich holen,
schlaf' sanft in den Armen der wiegenden See.

12. Gebt ein Zehntel weiter!

Befreiung und Trennung von Materie oder warum Spenden wichtig ist

Einer meiner spirituellen Lehrer, ein Rabbiner, dem ich sehr dankbar bin, hat mich in einem besonderen Augenblick meines Lebens darauf hingewiesen, daß in jedem Atemzug, in jedem Moment ein *Gleichgewicht der Energien* herrschen muß.

Unter Energien verstehe ich sowohl greifbare (also manifestierte) Energien (Geld, Besitztümer) als auch feinstoffliche Energien (Liebe, Licht).

Mit den Katzen und andern Tieren zu sprechen bedeutet, sich in einen spirituellen und energetischen Kreislauf zu begeben und mit der Herstellung eines Gleichgewichtes zwischen diesen Energien einen Zustand der Vollkommenheit zu erreichen. Wir Menschen neigen sehr stark dazu, zu nehmen bzw. zu konsumieren. Im Bereich der Tierkommunikation ist es wichtig, daß wir nicht nur nehmen, sondern auch bereit sind zu geben. Es ist wichtig zu verstehen, daß es nicht um die einzelne Katze geht, sondern um das Gros der Katzen an sich, die in einem nicht natürlichen Lebensraum geboren werden.

Ich empfinde die Gabe und Fähigkeit, mit Tieren zu sprechen, als ein wundervolles Geschenk. Es spielt keine Rolle, ob man sie erlernt hat oder von Natur aus konnte.

Um das kosmische Gleichgewicht herzustellen, sollten Sie ein Zehntel dieses wundervollen Geschenks weitergeben.

Ein Zehntel, so sagt man, ist Gottes Anteil.

Sie können ihn in Form von Liebe weitergeben, indem Sie sich in Tierheimen ehrenamtlich engagieren, oder natürlich in Form von finanziellen Zuwendungen.

Es ist erstaunlich, wie viele Katzenfreunde mir bei Vorträgen und Workshops erzählen, wie sehr sie ihre eigenen Tiere lieben, aber niemals eine fremde Katze ohne persönliche Anbindung verpflegen würden.

Mein Lehrer hat mir gezeigt, daß es wichtig ist, in allen Bereichen ein Gleichgewicht herzustellen. Sie kennen bestimmt die Gesetzmäßigkeit, daß Positives Positives anzieht und Negatives Negatives, aus eigener Erfahrung. Das Positive vermehrt sich, je mehr man es verbreitet, und somit kommt es wieder zu einem zurück.

Aus Dankbarkeit für diesen Fluß – und um ihn zu erhalten – sollten wir unser »Zehntel« energetisch wie materiell weitergeben. Wenn Sie anders handeln, werden Sie feststellen, daß der Kreislauf von Geben und Nehmen langsam zum Stillstand kommt.

Für mich war der Hinweis von meinem Lehrer aber auch aus einem anderen Grund von Bedeutung. Er riet mir, so viel zu geben, wie ich mir wünschte, später einmal selbst zu bekommen. Ich bin seinem Rat gefolgt und kann bestätigen, daß diese Gesetzmäßigkeit funktioniert. Falls Sie Ihr Zehntel in Form von Geld weitergeben möchten, so finden Sie im Anhang Adressen von Organisationen, die ich aus meiner Erfahrung empfehlen kann.

Von vielen höre ich, daß sie nicht spenden, da sie nur sehr bescheidene Summen geben könnten und daher denken, dies wäre nicht genug. Ich habe mich mit einigen Geschäftsführern von großen Hilfswerken und Organisationen unterhalten. Alle haben mir versichert, daß eine regelmäßige monatliche Spende von €5,– oder €10,– den Tieren wirklich hilft und zugute kommt.

Anhang A – Ursprünge der Tierkommunikation

Um die Ursprünge der Tierkommunikation zu beschreiben, müßte man die Geschichte der Erde und aller Lebewesen auf ihr erzählen. Die Tiere haben untereinander schon immer kommuniziert und seitdem es Menschen auf dem Planeten gibt, haben sie eine Verbindung zu den Tieren gehabt. Deshalb kann man nicht sagen, daß die Tierkommunikation in irgendeiner Kultur entstanden ist. Vielmehr behaupte ich, daß wir alle irgendwann mit den Tieren kommunizieren konnten, es aber im Laufe der Zeit verlernt haben.

Die Fähigkeit, mit Tieren zu kommunizieren, befindet sich im kollektiven Bewußtsein der gesamten Menschheit, und jeder kann darauf zugreifen. Viele Völker tun dies.

In der Frühzeit, lange vor Beginn unserer Zivilisation, waren die Jäger und Sammler auf ihre geistige Verbindung mit Tieren angewiesen. Während einzelne Tierarten Millionen von Jahren Zeit hatten, um sich auf klimatische Veränderungen und das vorherrschende Futterangebot einzustellen, mußte der Mensch schnell reagieren und sehr flexibel sein. Dies konnte er nur, indem er sich auf die Tiere einstimmte, sie genauestens beobachtete und ihr Verhalten studierte. So konnten die Menschen die Überlebensmechanismen der Tiere übernehmen.

Ein guter Jäger konnte nur dann erfolgreich sein, wenn er die Schritte seines Opfers im Voraus einzuschätzen gelernt hatte. Er versetzte sich dazu auf seiner Pirsch in die Gedankenwelt des Tieres, das er verfolgte. Hatte er es erlegt, so wurde ein Teil des Tieres verbrannt und den

Göttern als Geschenk dargebracht. Bis heute bedanken sich viele Naturvölker bei den von ihnen erlegten Tieren welche dem Stamm Nahrung bescheren.

Bei den nordamerikanischen Ureinwohnern, den Indianern, traten die Schamanen vor der Jagd in Verbindung mit der Gruppenseele des Wildes und nahmen Kontakt mit einem Tier auf, das sich für die Jagd zur Verfügung stellte. Dieses Tier separierte sich dann während der Jagd und konnte so leichter getötet werden. Über die Dankbarkeit der Jäger für sein Opfer konnte das erlegte Tier schneller Karma abbauen.

Die heute praktizierte Tierkommunikation hat ihren Ursprung in der der nordamerikanischen Urvölker. Mein indianischer Lehrer White Eagle meinte einmal zu mir, daß wir Menschen im Westen es erstaunlich schwer hätten. Wir müßten in unserem Leben ständig darum beten, um einen Kontakt zu unserem Gott herzustellen. Die Indianer dagegen wären in der ständigen Verbindung mit ihrem Gott und müßten nur dann beten, wenn sie das Gefühl hätten, von ihm getrennt zu sein. Die Tiere sind eins mit der Ebene Gottes, daher sind die Indianer auch immer mit ihnen verbunden.

Jedes Naturvolk, dessen Überleben von einer engen Verbindung zu Tieren geprägt ist, kommuniziert mit ihnen. Die einen mehr (nordamerikanische Indianer, Hawaiianer, Tibeter, Aborigines), die anderen weniger (Yamomani, lateinamerikanische Indianer). Da wir alle von Naturvölkern abstammen, ist auch uns die Fähigkeit, mit Tieren zu sprechen, gegeben. Es gilt nun, diesen Kanal wieder zu öffnen.

Wissenschaftler nehmen an, daß während der letzten Eiszeit Menschen aus dem Gebiet des heutigen Sibiriens eine Wanderung nach Süden und Südwesten begangen.

Diese große Volksmasse ließ sich dann zum Teil in der fruchtbaren Ebene zwischen den Flüssen Euphrat und Tigris im heutigen Irak (Mesopotamien) nieder. Diese Menschen hatten ein sehr klares Verhältnis zu ihrer Umwelt. Ihre Schamanen (später Priester) beherrschten die Tierkommunikation und gaben ihr Wissen darum von Generation zu Generation weiter. Die ersten Zivilisationen bildeten sich in diesem Raum und Hochkulturen wie Akad, Assyrien und später Babylon entstanden in einer Zeitspanne von 8000 v. Chr. bis 500 v. Chr.

Tiere wurden in diesen Zivilisationen manchmal sogar als Götter angesehen.

In den Jahren 500 v. Chr. bis 100 v. Chr. wurde das Wissen und die Kultur dieser Zivilisationen durch Eroberung Persiens und später Griechenlands über sehr weite Räume von Indien bis Marokko gebracht. Die Europäer bekamen durch die arabischen Eroberer in den Jahren 800 bis 1200 n. Chr. Zugang zur Tierkommunikation. Wie viele kulturelle Einflüsse aus dem Orient wurden die Erkenntnisse über den Umgang mit Tieren im Mittelalter als Hexerei bezeichnet und bekämpft. Die damaligen Seher, Druiden und naturverbundenen Menschen retteten diese spirituellen Geheimnisse.

Warum sind einige Länder spirituellem Wachstum gegenüber offener als andere? Diese Frage zu beantworten halte ich für besonders wichtig, da die Antwort gleichzeitig auch erklärt, warum die Tierkommunikation gerade jetzt in Deutschland von einer breiten Öffentlichkeit angenommen wird. Beginnen wir mit unserer Heimat und der Antwort auf die Frage, warum es bei uns so lange gedauert hat, bis wir uns für diese Ebene öffnen konnten.

Deutschland

Die Gebiete der heutigen Bundesrepublik Deutschland gehörten lange Zeit zum Römischen Reich und nannten sich nach dessen Zerfall Heiliges Römisches Reich deutscher Nation. Wie der Name schon vermuten läßt, wurde ein großer Teil der geistigen Entwicklung des Reiches der Katholischen Kirche in Rom unterstellt.

Während sich in den Nachbarländern wie England, Frankreich, Spanien oder Italien relativ schnell starke Nationalstaaten entwickelten, blieb Deutschland zunächst zersplittert. Kleine Grafschaften, die teilweise nur aus einzelnen Städten bestanden, bildeten ein undurchschaubares Feudalsystem, welches die allgemeine Zivilisationsentwicklung eines gesunden Nationalstaats verhinderte. Durch das Fehlen einer zentralen städtischen Gesellschaftsstruktur konnten sich auch Kultur und Geisteswissenschaften nur schwer entfalten, ebenso wenig übrigens ein gesundes Nationalbewußtsein.

Nicht zuletzt aufgrund der Größe des Reiches konnte sich in den damaligen deutschen Gebieten kein ultimatives kulturelles Zentrum entwickeln, wie z. B. Paris in Frankreich, Moskau in Rußland oder Rom und Venedig in Italien.

Besitzt ein Land ein kulturelles und geistiges Zentrum, so ist dies meist auch identisch mit dem Handelszentrum. Menschen aus vielen Ländern lassen sich dort nieder, und deren geistige und kulturelle Einflüsse verbinden sich mit den Anschauungen dort ansässiger Menschen. Durch diese Vermischung von verschiedenen kulturellen und geistigen Ansichten bekommen die Einwohner dieser Großstädte die Möglichkeit, sich in verschiedene Richtungen zu entwickeln. Dies wiederum bewirkt eine allgemeine Öffnung und Toleranz in den Städten gegenüber neuem

Gedankengut. Über Generationen hinweg werden andere Werte und Glaubensmuster zugelassen und akzeptiert. In das kollektive Unterbewußtsein können viele Möglichkeiten einfließen, und auch spirituelle Öffnungen finden statt.

Diese Entwicklung blieb den Deutschen durch ein Fehlen des geistigen, kulturellen, wirtschaftlichen und politischen Zentrums über Jahrhunderte hinweg verwehrt. Dort, wo zum großen Teil nur ein einziges Glaubensbild vorherrscht und von den Menschen akzeptiert wird, die nichts anderes kennen oder zulassen, kann nur wenig Neues entstehen. Es wird an dem seit jeher geltenden Regelwerk festgehalten.

In Deutschland gab es kein Zentrum, in dem sich die kulturell-spirituelle Basis für die Bewahrung und Verbreitung des Wissens, auch das um die Tierkommunikation, hätte bilden können. Durch die fortschreitende Entwicklung des Modernismus in Europa bestand äußerlich auch keine weitere Verwendung für solch spirituelles Wissen. Die Menschen entfernten sich immer mehr von der Natur. Der Mensch mußte sich die Natur untertan machen, um sie optimal für seine Zwecke ausnutzen zu können.

Gefördert von der Obrigkeitshörigkeit der Menschen und nicht zuletzt von der katholischen Kirche, wurde diese totale Loslösung von der Natur im 17. und 18. Jahrhundert vollzogen, im Zuge der Industrialisierung, als das Vernunftdenken endgültig den Sieg über Intuition und Gefühl davontrug. Eine Veränderung fand erst in den turbulenten zwanziger Jahren des letzten Jahrhunderts statt, als die Weimarer Republik einen geistig-kulturellen Boom in ganz Deutschland ermöglichte.

Durch den Abschied vom Kaisertum und die Öffnung für neue Erfahrungen wurden die Menschen auch empfänglicher für spirituelle Erfahrungen und alternative Denkweisen. Es entstanden spirituelle Zirkel aller Art und Couleur, und auch die Tierkommunikation fand neue Anhänger. Auf energetischer Ebene bahnten sich viele Öffnungen an und die kirchlichen Institutionen verloren an Einfluß.

Es wurde gebaut, expandiert und die ursprüngliche Offenheit für Neues richtete sich nach und nach auf die Ansammlung von Eigentum und Luxus. Neue Gesellschaftsschichten entstanden, die sich durch Haben und Nichthaben voneinander abgrenzten. Während die wohlhabenderen Menschen den Luxus genossen, wurde auf der Gegenseite Unzufriedenheit und Armut ein immer größer werdendes Problem.

Mit seinen Versprechungen, dieser materiellen Ungerechtigkeit ein Ende zu bereiten, kam Adolf Hitler an die Macht und so war dieser bunten Blüte nur eine kurze Lebensdauer vergönnt, bis ein weiterer Weltkrieg und ein totalitärer Staat erneut alles Nichtrationale hinwegfegten und sämtliche Bestrebungen in diese Richtung im Keim erstickten.

Wie hat sich unser Verhältnis zu Tieren in den letzten beiden Jahrhunderten verändert? Vor zweihundert Jahren existierten durchaus noch rudimentäre Überbleibsel des geistigen Wissens um die Tiere, die besonders in ländlichen Gegenden erhalten blieben, wo man, um überleben zu können, stark auf die Tiere angewiesen war.

Mit der fortschreitenden Industrialisierung wurden Tiere schließlich leblosen Objekten gleichgestellt. Nur dadurch war es den Menschen möglich, Tiere ohne schlechtes Gewissen auszubeuten – unsere heutigen Legebatterien und Massentierhaltung sind Beispiele für dieses Denken, das heute leider immer noch weit verbreitet ist.

Nach dem Ende des Zweiten Weltkrieges blieb unter anderem im Gedächtnis der Menschen auch die Schuld an Verbrechen an Tieren zurück. In Kriegszeiten ist es schwer, sich die Menschlichkeit anderen Menschen gegenüber zu erhalten – um so schwerer ist es, in Notzeiten die Würde der Tiere zu achten.

Ich habe mit älteren Frauen gesprochen, die mir – teilweise nach Jahren der Therapie – von Erlebnissen erzählten, die mich zutiefst berührt haben. Von Pferdekadavern ist da die Rede, die, nach einem Bombenangriff halb verbrannt, als Nahrung herhalten mußten. Von langen Nächten in Luftschutzkellern wird fast flüsternd berichtet, wo der Hunger entschied, ob der Gefährte Hund noch einmal das Tageslicht erblickten durfte.

Auch die kleinen Geschichten sind es, die uns verdeutlichen, welch geringer Stellenwert den Tieren damals eingeräumt wurde: Bilder von kleinen Mädchen, die auf der Flucht ihre Katzen zurücklassen mußten. Oder von Hunden, die auf Rastplätzen weggelaufen waren und für deren Suche keine Zeit blieb.

Ich selbst erinnere mich daran, daß ich einmal im Geschichtsunterricht davon hörte, daß im Krieg auch Hunde und Katzen gegessen worden waren. Als ich völlig entsetzt meine Großmutter dazu befragte, erzählte sie mir, daß unsere Verwandten auf dem Land damals Essen geschickt hätten, aber niemand danach fragte, woraus diese Mahlzeiten genau bestünden. Ich spürte die wahre Antwort auf meine Frage längst, trotz all ihrer Verdrängungsversuche.

Für mich steht die Beziehung von Mensch zu Tier in unserem Sprachraum noch immer unter dem Einfluß dieser Zeit. Viele Frauen und Männer, die heute über sechzig Jahre alt sind, hatten aus ihrer Kriegserfahrung heraus Probleme, ihren Kindern ein liebe- und respektvolles Bild von Tieren zu vermitteln, und sehr viele meiner Klienten haben Schuldgefühle, weil sie zu Tieren ein tieferes Gefühl haben als zu Menschen.

Ich bin der Meinung, daß die Prägung und Erfahrung der Eltern und das Erleben der Kriegsgeneration die Beziehung von Tieren und Menschen erschwerte. Das Gefühl, mit dem Krieg alles verloren zu haben, auch den Glauben oder sogar die ganze Familie, hat oft das Empfinden für die Tiere verdrängt. Dieses Denken wurde den nachfolgenden Generationen unbewußt vermittelt.

Nur langsam werden wir uns von diesen emotionalen Einschränkungen befreien können. Etwas anders stellt sich die Situation dagegen bei unseren europäischen Nachbarn dar, worauf ich nun kurz eingehen möchte.

Eine kleine Reise durch Europa

Das Thema Tierkommunikation erreichte Deutschland über die Schweiz, die in vielen Bereichen zumindest bis Anfang der neunziger Jahre des letzten Jahrhunderts ein spiritueller Vorreiter war. Wie ist diese Entwicklung unserer eidgenössischen Nachbarn zu erklären?

Die Schweiz, umgeben von Italien, Frankreich, Österreich und Deutschland, ungestört durch Kriege oder sonstige Schwierigkeiten in ihrer föderalistisch-freiheitlichen Entwicklung, kam durch zugereiste bzw. durchreisende Händler, Künstler und sonstige Einwanderer in den Genuß von fremden Kulturen. Am Anfang des zwanzigsten Jahrhunderts, kurz vor Beginn der Blüte der Weimarer Republik in Deutschland, standen die Schweizer Städte Zürich und Luzern stark unter dem Einfluß der Londoner Spiritistenszene und ihrer Propagandisten.

England kam, genau wie die anderen Kolonialmächte, durch seinen ausgedehnten Seehandel unter anderem in Kontakt mit dem spirituellen Wissen und kulturellen Erbe der Afrikaner, Ägypter und Inder. Sie lebten alle in enger Verbindung zur Natur und zur Göttlichkeit.

Anfang des 19. Jahrhunderts gab es in ganz England Kreise von spirituell interessierten Menschen, die sich wöchentlich zu Séancen trafen, um die Geister von Verstorbenen zu rufen. Die Geisterbeschwörer stammten meist aus gehobenen sozialen Schichten, hatten aufgrund ihrer sozialen Absicherung Zeit und Muße und waren für jede Art von übersinnlicher Erfahrung offen, auch wenn diese oft aus Schwindel und leicht durchschaubaren Tricks bestand. Was zählte, war das Gefühl und der Austausch von Erfahrungen.

Das damalige Zentrum dieser Kreise in der englischen Esoterikszene bildeten Aleister Crowley, Helena Blavatzky und Alice Baily. Diese Medien channelten bereits in jenen frühen Jahren Informationen aus der geistigen Welt und stellten dieses Wissen in Büchern und Nachschlagewerken zusammen. Natürlich wurde auch zu dieser Zeit vieles an angeblich gesammelter Information aus der geistigen Welt manipuliert. Besonders Aleister Crowley machte nach kurzer Zeit keinen Hehl mehr aus seinen Ambitionen für die dunkle Seite. Wie viele Lehrer aus der damaligen Zeit scharte auch er Zuhörer und Schüler um sich, um seine Ideologien zu verbreiten.

Die so genannte »spirituelle Welle« bzw. »mystische Welle« erreichte das europäische Festland in kürzester Zeit. Dort, wo sie auf aufnahmebereiten Boden stieß, breitete sie sich sehr schnell weiter aus. In Ländern wie Frankreich, Italien, der Schweiz und Rußland, in denen eine starke intellektuelle und feinsinnige Gesellschaftsschicht (meistens in Hauptstädten) existierte, entwickelten sich rasch verschiedene spiritistische Kreise.

Anhang B –
Unterstützer der Tierkommunikation: Engel, geistige Führer, Kraft- und Übersetzertiere

Da ich auch als Channeling- und Lichtarbeiterin meine Mitmenschen unterstütze und außerdem die Kabbala unterrichte, die sich wie kaum ein Weisheitssystem mit Engeln und Lichtwesen beschäftigt, ist es mir ein Anliegen, Ihnen die passenden Engel und Meister für die Arbeit mit Tieren vorzustellen.

Sie können diese Wesen zur Unterstützung bei der Kommunikation herbeirufen, denn sie helfen Ihnen bei speziellen Problemen und verstärken die Kommunikation. Natürlich können Sie sie auch, unabhängig von der Kommunikation mit Tieren, um den Schutz dieser Wesen bitten.

Was sind Engel?

Engel sind Lichtwesen, die lange vor der Zeit des alten Testaments, welches die Grundlage für das Judentum, den Islam und das Christentum bildet, in Inschriften und Überlieferungen aus Babylon und Sumer Erwähnung fanden.

Der Begriff »Engel« entstammt dem Sanskrit: *Angiras* bedeutet »göttlicher Geist«. Das persische Wort *angaros* bezeichnet einen Boten Gottes. Die Hebräer übernahmen ihre Idee der Engel von den Persern und Babyloniern während ihrer dortigen Gefangenschaft.

Die beiden im Alten Testament erwähnten Engel, Michael und Gabriel, entstammen ursprünglich der persischen Mythologie. Der Engel Raphael wird im Buch Tobias erwähnt.

Um dieses Buch in einem überschaubaren Rahmen zu halten, werde ich die Beschreibung der Engel hier etwas limitieren. Engel sind direkte *Emanationen*, also Ausdrucksformen von Gott, die bestimmte Energien in verschiedene Universen bringen.

Als direkter Ausdruck von Gott wurden ihnen die Namen Seraphin, Cherubin und Erzengel gegeben. Sie sind drei Engelsgruppen, die ineinander greifend arbeiten und zusammen Gottes Ausdruck in allen Welten sind. Sie sind formlos, repräsentieren das reine Ursprungspotential Gottes und übertragen den Willen Gottes in seine Manifestation.

Eine weitere Engelsgruppe, die Elohim, werden auch Gottes Kinder oder Gottes Schöpfung genannt. Es wirken zwölf Elohim (Schöpfungsstrahlen/Schöpfungsgötter) in allen Universen, aber nur sieben davon in unserem. Unter dem Licht jedes Elohim entstehen die verschiedenen Engelswelten und die Schöpfung, wie wir sie kennen.

Diese Schöpfungsengel werden in alten Schriften auch als *Nephilim* oder *Annunaki* bezeichnet und haben sich zu einem bestimmten Zeitpunkt mit den Menschen verbunden. Diesen Zeitpunkt kennen wir als die Vertreibung aus dem Paradies oder den Untergang von Atlantis oder einfach als *Abtrennung*. Mit dieser Abtrennung haben die Menschen das Gefühl für das Einssein mit der Schöpfung, also auch den Tieren, verloren. Es wurde ein Abstand zu Gott geschaffen.

Die Elohim brachten in ihrer Ebene Sonne und Mond, die Erde, Tiere und die verschiedenen Geistwesen hervor. Die Schöpfungsgeschichte (Genesis) beschreibt ihr Wirken. Jedes erschaffene Wesen, jede manifestierte Art hat einen Engel, der die jeweilige Entwicklung begleitet.

Generell sind die Erzengel unsere Ansprechpartner auf

der Erde. Wir haben die Möglichkeit, zu den von den Elohim geschaffenen Erzengeln Kontakt aufzunehmen und mit ihnen zu wachsen. Diese Erzengelebene ist übrigens auch jene, die von den meisten Medien gechannelt wird. Die Erzengel sind sehr hilfreiche und hoch schwingende Engelwesen, haben aber mit denen der hohen Schöpfungsebene nichts zu tun. Zu diesen können nur sehr wenige Menschen direkten Kontakt aufnehmen.

Erzengel, die Sie für die Tierarbeit um Hilfe bitten können:

- Chamuel, um Ihre Kommunikation zu verbessern
- Raphael, um die Heilung eines Tieres oder dessen Übergang zu unterstützen
- Michael, um Schutz, z. B. für eine Operation oder Reise mit dem Tier, zu erbitten, auch bei energetischen Angriffen
- Gabriel, der den Willen Gottes für Ihr Tier zum Ausdruck bringt
- Uriel, um die Seele eines Tieres zurück zu Gott zu leiten und es zu erlösen
- Zadkiel, um göttliche Gnade für sich und ein Tier zu erwirken
- Jophiel, um ein Tier bei Schwangerschaft und Genesung zu unterstützen. Auch bei Einsamkeit und Trauer bringt er es wieder in Kontakt mit der Schönheit Gottes

Sie können jeden dieser Engel um Hilfe und Unterstützung bitten und brauchen keine Scheu davor zu haben, wenn Sie dies tun. Es wird mit Sicherheit keine donnernde Lichtgestalt in Ihr Wohnzimmer einschweben, weil weder Sie noch ein Tier die direkte Energie eines solchen Wesens gut vertragen würden. Es wäre schlichtweg zuviel Licht für unsere grobstofflichen Körper. Erzengel haben, wie alle hohen Lichtwesen, unterstellte Engel, die für sie wirken und bei der Anrufung erscheinen.

Je höher die Schwingung eines Menschen ist, desto mehr kommt er mit den direkt gerufenen Engelwesen in Kontakt. Natürlich hat Ihre Katze auch einen persönlichen Schutzengel mit auf den Weg bekommen. Jedes Wesen, das in einer Inkarnation die Erde betritt, hat einen oder mehrere Engel, die ihm zur Seite gestellt sind. Auch ein Huhn in der Schlachtung hat ein Engelwesen, das ihm hilft, diesen Augenblick zu überstehen, genau wie Ihre Katze einen mächtig arbeitenden Schutzengel in ihrer Führung hat, wenn sie unverletzt von einem Baum springt.

Wo befindet sich der Schutzengel? Wenn Ihr Tier vor Ihnen steht und Sie anblickt, ist der Schutzengel auf der linken Seite des Tieres zu sehen. Also von Ihrer Katze aus gesehen auf deren rechter Schulterseite.

Sollten Sie eine Rute oder einen Tensor besitzen, können Sie das Energiefeld dieses Engels sogar abfragen. Je mehr ein Wesen bewußten Kontakt zu diesen göttlichen Helfern pflegt, desto näher können diese herankommen und desto stärker können sie uns Unterstützung und Halt geben.

Im Energiefeld vieler Menschen sehe ich den Schutzengel auf Distanz und in einer abwartenden Position, manchmal hat der Engel sich sogar leicht abgewendet. Dies ist der Fall, wenn ein Mensch die Schöpfung in Frage stellt und das Licht Gottes nicht anerkennt.

Diese beschriebene Situation habe ich bei Tieren noch nie beobachten können. Sie befinden sich immer im Kontakt mit ihren Engeln und schätzen diese sehr.

Mit auf den Weg bekommen wir nur einen Engel, den eben erwähnten Schutzengel, es ist aber jederzeit möglich, daß sich noch viel mehr schützende Engelwesen um ein Tier oder einen Menschen herum befinden und sich um dessen Wohlergehen bemühen.

Je bewußter ein Wesen mit den Engeln umgeht und diese in sein tägliches Leben einbezieht, desto mehr Engelwesen begleiten es. Dies gilt auch für Tiere, die eine besondere spirituelle oder heilende Aufgabe in ihrem Leben haben.

Tiere geistig höher entwickelter Menschen haben meiner Erfahrung nach mehrere Engelwesen um sich, die alle verschiedene, aber notwendige Aufgaben um das Tier wahrnehmen. Jeder einzelne Engel geleitet, tröstet und gibt einem Tier Hoffnung.

Die geistigen Führer Ihrer Katze

Diese Wesen können im Gegensatz zu den Engeln aus unterschiedlichen Ebenen kommen und begleiten ein Wesen, Tier wie Mensch, immer nur ein Stück seines Lebensweges. Sie sind für bestimmte Erfahrungen und Entwicklungsschritte zuständig und befinden sich auf der rechten Seite eines Wesens, also auf der linken Körperseite Ihrer Katze.

Diese Führer begleiten Heilungen oder Geburten, sind dafür da, die jeweils benötigten Energien in die Aura des Wesens einzuschleusen und das Bewußtsein zu erweitern.

Ein geistiger Führer kann ein sehr hohes Lichtwesen oder ein spiritueller Meister sein. Ihre Katze kann Sananda (Jesus) als seinen Führer bei sich haben oder den weiblichen Aspekt Buddhas, Kwan Yin, um Mitgefühl zu erlernen. Der begleitende Meister kann aber durchaus auch ein sehr positives menschliches Seelenwesen sein, das noch im Energiefeld der Erde geblieben ist, um anderen Wesen zu helfen.

Es können sich ein oder mehrere Führer um ein Lebewesen befinden, je nach den Aufgaben des Wesens. In der Aura der Tiere ergibt dies oft ein sehr amüsantes Bild, denn die geistigen Führer entsprechen oft der Größe eines Menschen oder eines riesigen Engelwesens.

Menschen können, im Unterschied zu Tieren, auch sehr zweideutige bis dunkle Wesen als Führer in ihr Energiefeld ziehen. Ich wünsche mir, daß die Menschen aufhören zu glauben, daß dunkle Wesen dumm sind oder sofort erkennbar. Sie sind es nicht, und auch unter ihnen gibt es sehr hohe Intelligenzen. Ein sehr dunkles Engelwesen ist beispielsweise der gefallene Engel des Lichts, Samael. Wir kennen ihn auch als das Wesen mit Hörnern und Pferdefuß, etwas Umsicht ist also geboten, speziell wenn Sie Lichtwesen zur Hilfe bei der Arbeit mit Tieren rufen.

Wenn Sie entspannt, voller Licht und Ruhe sind, sind dies schon einmal gute Voraussetzungen für eine positive Kommunikation und Lichtarbeit, die Ihrer Katze zugute kommen soll.

Krafttiere

Eine weitere Art der Licht- oder Energiewesen, die wir für die Tierkommunikation und -heilung zur Unterstützung rufen können, sind die Krafttiere. Krafttiere werden in Gesprächen über die Tierkommunikation oft als Übersetzertiere bezeichnet, was aber nicht richtig ist. Auf die Übersetzertiere werde ich später genauer eingehen.

Ein Krafttier ist eine Elementarenergie, ein Wesen, das sich im geistigen Bereich anstelle des realen Tieres zeigt, um die Energie einer Tierart zu versinnbildlichen. Jedes Krafttier repräsentiert jeweils ein Energiefeld der Erde und einen Teil der Schöpfung. Demzufolge kann ein Krafttier als jede bekannte Tierart erscheinen.

Wir können mit den Krafttieren über eine Meditation bewußten Kontakt aufnehmen und sie um Hilfe bei bestimmten Aufgaben bitten. Sie verleihen uns liebevoll und stark die Kraft des Elements, für das sie stehen.

In unseren Breitengraden ist der Begriff Krafttiere durch indianische Lehrer bekannt geworden, die mittlerweile in Europa lehren und deren Bücher ins Deutsche übersetzt werden. Mit einem Krafttier zu arbeiten heißt, sich hinzugeben, an die Kraft des Tieres zu glauben und dessen Instinkte und Energien wirken zu lassen. Wir können sie für die Tierkommunikation rufen, arbeiten aber besser mit den Übersetzertieren.

Trotzdem möchte ich anbei einige Krafttiere anführen, die Ihnen gerade bei dem Kontakt mit Ihrer Katze hilfreich zur Seite stehen können. Sie können sie einfach vor der Kommunikation um ihre Hilfe bitten und ihnen erlauben zu erscheinen.

Krafttiere lieben materielle Opfergaben, wie einen schönen Stein oder das Abbrennen eines Räucherstäbchens. Dadurch verstärken Sie die Energie des Krafttieres. Ein guter Weg, um im Alltag die Energie eines Krafttieres besser spüren zu können, ist das Tragen eines zugeordneten Steines, der Sie mit dem Krafttier verbinden kann. Um mit einem Krafttier ständig in Kontakt zu sein, können Sie mit dem Element des Krafttieres Ihre Räume schmücken. Eine Feder repräsentiert das Element Luft, eine Muschel das Element Wasser, Erde oder ein Stein das Element Erde, während Asche oder Tabak für das Element Feuer steht.

Der Rabe

Der Rabe verbindet uns mit der Kraft der Einweihung, Intelligenz und Magie. Er steht für das magische Potential

und überbringt die Botschaft, daß es Zeit ist, sich für die Kommunikation mit Tieren zu öffnen.
Element: Luft, Feuer, Erde
Edelstein: Bernstein, Onyx

Der Fuchs

Dieses Krafttier hilft, die neu gewonnene Liebe zur Tierkommunikation mit Vorsicht umzusetzen und andere Menschen mit Ihren Glaubensmustern nicht vor den Kopf zu stoßen.
Element: Feuer, Luft, Erde
Edelstein: Citrin, Chalcedon

Der Luchs

Er erweckt schlafendes geistiges Potential und fördert Sie unabhängig von der Meinung anderer, den Weg der Tierkommunikation zu gehen.
Element: Licht, Erde, Luft
Edelstein: Bernstein

Der Puma

Er gibt Ausdauer und beschleunigt die Öffnung der Kommunikationskanäle. Sie können ihn rufen, um alte Blokkaden endlich zu lösen.
Element: Luft, Feuer, Äther
Edelstein: Türkis, Gold

Der Löwe

Er gibt den Weg zur inneren Kraft frei und verleiht Autorität, Selbstvertrauen und Kraft, um die Sprache der Tiere zu erlernen.
Element: Feuer, Erde
Edelstein: Gold

Der Bär
Dieses Wesen gibt Ihnen Mut, Stärke und Schutz auf dem Weg zur Tierkommunikation. Der Bär leitet und führt Sie und repräsentiert den kosmischen Vater.
Element: Erde, Feuer
Edelstein: Heliotrop, Beryll

Übersetzertiere, die bei der Katzenkommunikation helfen

Der Unterschied zwischen Übersetzertieren und den oben aufgeführten Krafttieren ist, daß es sich bei den Übersetzertieren um Tiere handelt, die nur auf der geistigen Ebene existieren. Es sind Wesen aus der Energieebene der Tiere, die sich für Ihre persönliche Kommunikation mit den Tieren zur Verfügung stehen.

Ein Übersetzertier kann jeder Tierart angehören und Sie können mehrere Wesen zur Unterstützung rufen. Diese Wesen werden Sie zeit Ihres irdischen Lebens nicht verlassen, und wenn Sie das Sprechen mit Tieren für eine Weile nicht aktiv ausüben, werden diese geistigen Tiere dennoch bei Ihnen sein. Sie begeben sich dann in eine Art Schlafmodus und werden erst bei Bedarf wieder aktiv.

Da es sich um reine Geistwesen handelt, die zwar aus der Ebene der Tiere kommen, aber im Grunde reine Energie sind, formt sich diese Energie zu der Tiergestalt, die wir am meisten akzeptieren können oder brauchen. Ich selbst arbeite nicht mit diesen Tieren, da man sie nur benötigt, wenn der Kommunikationskanal nicht sonderlich stark ist.

Da ich Ihnen Ihr Übersetzertier aber nicht vorenthalten will, finden Sie hier eine Anleitung zur Kontaktaufnahme. Haben Sie dieses Tier einmal kennengelernt, können Sie es immer zu der Kommunikation hinzuziehen. Wenn sich Ihr Kommunikationskanal stärkt, werden Sie das Übersetzertier nicht mehr so stark wahrnehmen können. Es befindet sich dann aber immer noch in Ihrem Energiefeld.

Übung zur Kontaktaufnahme mit dem eigenen Übersetzertier

Reinigen Sie Ihre Räume und begeben Sie sich in einen meditativen Zustand. Atmen Sie in Ihr Herz und entspannen Sie. Wenn Sie ruhig und gleichmäßig atmen, stellen Sie sich einen hellen Korridor mit vielen Türen links und rechts vor, an denen Sie entlanglaufen.

Öffnen Sie die dritte Tür auf der rechten Seite und betreten Sie den Raum, der von hellgoldenem Licht erfüllt ist. Atmen Sie tief ein.

Wenn Sie in Gedanken die Augen öffnen, befindet sich in einer Ecke des Raumes Ihr Übersetzertier. Begegnen Sie ihm mit Liebe und Freude. Fragen Sie es nach seinem Namen, und ob es für Sie als Übersetzertier arbeiten möchte. Wenn es bejaht, bitten Sie es, mit Ihnen zu gehen, und verlassen Sie den Raum.

Sie können vorher noch einige Minuten die Energie und das Licht in dem hellgoldenen Raum aufnehmen und genießen. Lassen Sie zu, daß Ihr Tier Ihnen auf den Flur folgt und dann verschwindet. Laufen Sie eine Weile in Gedanken weiter und öffnen Sie dann dankbar für diesen Kontakt Ihre Augen.

Sollten Sie kein Tier in dem Raum wahrnehmen können oder sollte das Tier die Frage, ob es mit Ihnen arbeiten möchte, verneinen, dann bedanken Sie sich und verlassen alleine den Raum. Kommen Sie wie beschrieben zurück. Sie sollten dann nicht traurig sein. Vielleicht sind Sie noch nicht bereit für ein Übersetzertier. Möglicherweise brauchen Sie auch keines.

Anhang C – Heilmethoden für Ihre Katze

Ich möchte Ihnen einige alternative Heilmethoden für Katzen vorstellen. Diese Methoden haben alle eines gemeinsam: Sie haben das Ausbalancieren der energetischen Systeme von Lebewesen zum Ziel. Die Wirksamkeit dieser Methoden richtet sich nach dem energetischen Aufbau des Anwenders und der Aufnahmebereitschaft des Patienten.

Bioresonanz

Die Bioresonanz ist wie die Radionik eine Therapieform, die als energetisches Behandlungsverfahren gilt. Auch hier geht man davon aus, daß die Körperzellen elektromagnetische Signale abgeben, die ihrerseits im Gewebe Schwingungen erzeugen und so das gesamte Körpersystem beeinflussen.

Der Ansatz der Bioresonanz-Therapie ist es, diese elektromagnetischen Schwingungen von Tieren und Menschen zu erfassen und in ein spezielles Therapiegerät zu leiten, wo harmonische und disharmonische Schwingungen getrennt werden. Dieses Gerät löscht dann die krankhaften Schwingungen bzw. wandelt sie in harmonische um und sendet sie zurück an den Körper, der daraufhin seine Regulations- und Selbstheilungskräfte aktivieren kann.

Bei Katzen kann die Bioresonanz-Therapie besonders gut zur Behandlung von Allergien, Atemwegserkrankungen, Autoimmunkrankheiten und zur Krebsbehandlung eingesetzt werden.

Christusenergie

Diese Energie habe ich 2004 von Sananda/Christus, einem aufgestiegenen Meister, gechannelt. Sie kann nur durch eine Einweihung weitergegeben werden und wirkt sehr gut bei Ängsten, dem Gefühl von Einsamkeit und Abtrennung bei Mensch und Katze.

Sananda selbst hat mir erklärt, daß selbst Menschen, die spirituell weit entwickelt sind, häufig ein Gefühl von Einsamkeit und Abgetrenntheit in sich tragen. Dies deckt sich auch mit meiner Beobachtung in der Praxis. Sananda hat mir diese Energie als Werkzeug zur Heilung unserer Herzen und zur Hingabe an das Leben übermittelt. Es fällt uns Menschen leichter, in dieser Inkarnation zu leben. Dieses Gefühl können wir auch an unsere Tiere weitergeben und sie somitglücklicher machen. Die Christusenergie ist besonders hilfreich für Katzen, die einen Besitzerwechsel hinter sich gebracht, ihre Welpen oder Lebenspartner verloren haben oder deren Menschen in einer schwierigen Lebensphase stecken.

Entlastung und Entgiftung

Da ich hervorragende Ergebnisse mit Entgiftungen bei Katzen erzielt habe, möchte ich Sie hier auf das Buch von Hulda Clark: *Heilung ist möglich* (siehe Literaturhinweise) verweisen.

Bei einer Entgiftung wird das gesamte Körpersystem entlastet, indem Schadstoffe wie Bakterien, Pilze und Viren ausgeleitet werden. Der Verdauungstrakt arbeitet besser und das gesamte Zellsystem wird verjüngt und kann so optimal seine Arbeit erledigen.

Für eine Katze ist das Entgiften eine unangenehme Prozedur, da die verordneten pflanzlichen Lösungen selbst für Menschennasen unangenehm riechen.

Gegen Krankheiten wie Krebs und sonstige Zellveränderungen kann man sein Tier mit einer Entgiftung vorbeugend schützen.

Farb- und Klangtherapie

Aus ayurvedischen und alten persischen Texten wissen wir, daß Klang eine heilende Wirkung auf unser Wesen hat. Er kann harmonisieren und die Atmung beruhigen, eine entspannte Atmung lockert die Muskulatur und die Organe können wieder mit Energie versorgt werden.

Daß Tiere sehr gut auf Farbschwingungen reagieren, beweist sowohl das Aura-Soma-System als auch die Arbeit mit Heilsteinen. Fehlt der Aura eines Wesens eine bestimmte Farbe, so fehlt ihm auch eine bestimmte Energie. Führt man dem Energiefeld nun die fehlende Farbe über Heilsteine oder Farblichttherapie zu, so kann sich das System wieder selbst harmonisieren und heilen. Für Katzen ist das Abspielen von leiser klassischer Musik, bevorzugt Mozart oder Johann Strauß, von beruhigender Wirkung. Ich kenne allerdings auch Katzen, die den »Bolero« von Ravel lieben, oder etwas depressive Katzenseelen, die sich zu Rachmaninow hingezogen fühlen. Am besten erproben Sie selbst, was Ihre Katze gern mag. Die Behandlung mit Farben setzen Sie am besten mit Aura Soma oder einer Farblichtlampe mit verschiedenen Filtern um. (Vorsicht! Das Tier nie allein unter der Lampe lassen, besonders dann nicht, wenn es sich nicht bewegen kann!)

Heil- oder Edelsteintherapie

Steine werden von jeher zur Heilung eingesetzt. Ob als Wärmespeicher unter dem Körper oder als Edelsteine, die mit ihrer jeweiligen kristallinen Struktur und Farbschwingung wirken.

Sie können je nach ausgesuchtem Stein eine Essenz für Ihre Katze einsetzen oder den Stein einfach neben das Tier auf den Schlafplatz legen. Die Energie der Steine gibt dem Energiefeld Ihrer Katze die Information, sich je nach Schwingung des Steines zu harmonisieren und auf Heilung auszurichten. Heilsteine können mit Divine Healing kombiniert werden und sind praktisch unbegrenzt einsetzbar. Wichtig ist hierbei, den jeweils richtigen Stein für das psychische oder physische Problem Ihrer Katze auszusuchen und den Stein vor der Behandlung mit violettem Licht zu reinigen. Auch wenn Sie einen Stein für ein anderes Wesen verwenden, sollten Sie ihn zuvor energetisch reinigen. Steine können irgendwann ihren Speicher überfüllen und die gespeicherten negativen Informationen wieder abgeben. Um dies zu vermeiden, ist eine Reinigung sehr wichtig.

Den jeweils passenden Heilstein sollten Sie über ein Fachbuch (siehe Literaturhinweise) aussuchen oder selbst für Ihre Katze pendeln. Bitte beachten Sie, daß nicht jeder Stein für die Herstellung einer Essenz geeignet ist, da viele Steine im Wasser auch giftige Bestandteile lösen, wie z. B. der Malachit.

Divine Healing ist eine sehr hochschwingende Lichtheiltechnik die besonders gut zur Behandlung von Tieren, aber auch Menschen geeignet ist.

Sie übertrifft in ihrer Wirkungsweise die Möglichkeiten von Reiki und Magnified Healing bei weitem. Auch die Behandlungszeiten sind kürzer und eine Fernheilung ist ab dem ersten Tag der Einweihung möglich. Das Hohe Selbst, die Seele und die Aura erfahren Heilung und so werden mit Divine Healing auch tiefliegende Schocks gelöst Divine Healing wird durch eine Einweihung an den zukünftigen Heiler weitergegeben, welcher diese Heilkraft dann für sich und andere nutzen kann. Diese erste Einweihung ist bereits vergleichbar mit dem Reiki Meistergrad und ermöglicht eine regelmäßige Spirituelle Praxis, die auch gut die tägliche Meditation ersetzen kann. In dieser Praxis ist ein direkter Kontakt mit Gott möglich und dieser wird durch das Sprechen Gebeten die von Erzengel Gabriel empfangen wurden ergänzt. Ich habe in meiner Praxis viele hundert Tiere mit Divine Healing behandelt und habe immer erstaunliche Heilungen feststellen können.

Hautsächlich wird die Belastung im energetischen Bereich bis in das morphogenetische Feld hinein gelöst, die nächste Stufe der Behandlung findet in der Aura und dann im Körper statt. Für uns Menschen ist Divine Healing ein wunderbarer Weg um Klarer und im Alltag bewusster zu werden. Innere Spannungen lösen sich und man hat das Gefühl »angekommen« zu sein.

Weitere Informationen zu einer Behandlung oder Einweihung in Divine Healing erteilt unser Büro gerne.

Liebe

Für diese heilende Kraft benötigen wir keine Einweihung oder Voraussetzung. Sie ist in uns im Überfluß und kann gegeben werden. Liebe ist die wohl stärkste aller Heilkräfte. Sie ist immer vorhanden und kann jederzeit wirkungsvoll zum Ausdruck gebracht werden. Sie kostet Hingabe und Aufmerksamkeit. Ihre Wirkungsweise ist unbegrenzt.

Mahatma Energie

Diese Energie wird einem Menschen zugänglich gemacht, wenn er sich in seinem Aufstieg, also der Phase der spirituellen Bewußtwerdung, befindet. Die Mahatma Energie ist eine freie Energie, um die jeder bitten kann, und ich beobachte mit einem Schmunzeln, daß sich so manch spiritueller Lehrer diesen Zugang mit einem Honorar vergüten läßt.

Mahatma bedeutet »große Seele« und ist eigentlich ein Ehrentitel für einen geistigen Führer, wie z. B. Mahatma Gandhi es war. Die Mahatma Energie erreicht uns durch das zwölfte Chakra über unserem Kopf aus dem Christusbewußtseinsgitter und zeigt sich als eine Schlange von goldenen Achten oder Unendlichkeitszeichen. Den Menschen berührt sie am oberen Hinterkopf, dem Kopfscheitelpunkt, und stärkt so die Bindung zu seiner Seele.

Als Heilenergie ist sie meist nicht so stark, da die Mahatma Energie in ihrer Wirkung von der spirituellen Entwicklung ihres Empfängers abhängt. Sie geht in Resonanz und verstärkt seine göttliche Anbindung und gibt ihm so die seelische Kraft, Heilung zuzulassen. Katzen mögen die Energie meist sehr gerne, da sie warm und sanft ist und keine starken Erstreaktionen auslöst.

Am besten nutzen Sie diese Energie zum Ausbalancieren des Energiefeldes Ihrer Katze, um dieser so viel Ruhe und Gelassenheit wie möglich zu geben.

Alles, was Sie tun müssen, ist, zu meditieren und sich geistig zu reinigen, z. B. mit der *violetten Flamme* (siehe Glossar). Dann heben Sie die linke Handfläche und bitten um Mahatma Energie für Ihr Tier. Ihre rechte Hand zeigt mit der Handfläche nach unten auf Ihre Katze und Sie stellen sich vor, daß goldene Energie durch Sie und aus Ihrer rechten Hand in Ihr Tier fließt. Positive Affirmationen und Gebete verstärken die harmonisierende Wirkung noch.

Sie können diese Energie einmal täglich für fünf bis zehn Minuten anwenden. Falls Ihre Katze sich abwendet, gönnen Sie ihr Ruhe und bedrängen Sie sie nicht. Das Tier braucht genau wie Sie Zeit, um die neue Energie zu verarbeiten.

Radionik

Auch die Radionik basiert auf der Idee, daß der kranke, fehlinformierte Körper Ihrer Katze sich mit der richtigen, positiven Information selbst heilen kann.

Zur Analyse der fehlerhaften Informationen im Körper werden einige Haare, ein Blutstropfen oder ein Foto benötigt. Mittels der Schwingungen des Tieres, die über diese Objekte transportiert werden, ist es auch möglich, eine Ferndiagnose zu erstellen.

Mit Hilfe der von der klassischen Veterinärmedizin kaum beachteten Radionik kann festgestellt werden, ob über die Ernährung, Lebensweise oder Schocks lebensabbauende Informationen vom Bewußtsein Ihres Tieres in dessen Körper geleitet wurden. Da eine Krankheit zunächst im Aurabereich, also in der energetischen Ebene entsteht, kann diese von der Radionik bereits während deren Entstehung in der Aura (und somit noch, bevor sie sich im Körper manifestiert) festgestellt werden.

Da alle Systeme eines Lebewesens wie ein riesiger Computer miteinander verbunden sind, fließen positive wie negative Informationen durch alle Ebenen: Körper, Seele und Geist. Über die Radionik werden ganzheitlich positive und lebensaufbauende Informationen in den Körper gespeist. Dies geschieht mit Hilfe eines Radionik-Gerätes, bei dem jede Schwingung einem Zahlenwert entspricht. Diese Zahlen werden in das Energiefeld des Tieres (oder in das Foto des Tieres) oder in das Futter bzw. das Trinkwasser eingespielt. Dort senden sie heilende Impulse aus.

Die Radionik hat sich in den letzten Jahren immer mehr durchgesetzt, da sie einfach zu erlernen und zudem kostengünstig ist. Sie wird auf Menschen, Tiere, Pflanzen und sogar in Bauernhöfen und Gärtnereien angewendet.

Ich halte die Radionik für eine gute, wenn auch etwas »simple« Methode, um einen Organismus zu behandeln. Für Katzenfreunde ist sie einfach und zu Hause gut als Begleittherapie für Krebsbehandlungen, Nierenschwäche etc. einsetzbar. Außerdem gewinnt der Behandelnde bezüglich Schwingungen an Feinfühligkeit.

Reiki

steht für universelle (rei) Lebensenergie (ki) und erfreut sich seit einigen Jahren immer größerer Beliebtheit. Alle Lebewesen bestehen aus Energie und wenn deren Energiehaushalt auf energetischer oder körperlicher Ebene gestört ist, ist es nur natürlich, das jeweilige System über die Gabe von Energie wieder zu harmonisieren und die Selbstheilungskräfte zu aktivieren. Reiki wird durch eine Einweihung in dem jeweiligen Grad auf den Behandelnden übertragen und kann von diesem an Menschen und Tiere weitergegeben werden. Reiki braucht Zeit und so sind die Sitzungen mit dem eigenen Tier auch immer das Bestärken einer tiefen Verbindung. Katzen lieben die Nähe und das gemeinsame Erleben einer Reiki-Behandlung.

Schüßler-Salze

Die Schüßler-Salze, benannt nach dem deutschen Arzt Dr. Wilhelm Heinrich Schüßler, beruhen auf einem einfachen, aber wirksamen Heilungsgedanken, der auch unseren Katzen zugute kommt. Dr. Schüßler erkannte, daß eine Vielzahl von Erkrankungen mit einem gestörten Mineralstoffhaushalt der Zellen zusammenhängt. Hilft man dem Mineralstoffhaushalt mit der Verabreichung von Schüßler-Salzen, sich selbst zu harmonisieren, so dann eine Vielzahl von Katzenkrankheiten wie Hautprobleme, Durchfall oder Sehschwächen geheilt werden.

Mineralsalze sind Bestandteile der Zellen und für ihre fehlerfreie Funktion unerläßlich. Fehlen diese Salze, so kommt es zu Störungen der Zellfunktionen. Häufig gelangen die von Mensch und Tier mit der Nahrung aufgenommenen Mineralsalze nicht dorthin, wo sie gebraucht werden. Die zwölf Schüßler-Salze sind so aufgebaut, daß sie für die Körperzellen optimal zugänglich sind. Die chemischen Abläufe im Körper werden angeregt und die Zellen können sich regenerieren. Da die zwölf Salze wesentliche Funktionen im tierischen und menschlichen Organismus erfüllen, werden sie auch Funktionsmittel genannt.

Die Anwendung der Salze für Tiere wird immer beliebter, da sie nahezu ohne Risiko in Form von kleinen geschmackneutralen Tabletten unter das Futter gemischt werden können. Bei Katzen habe ich sehr gute Erfolge bei Hautproblemen, Tumoren und schlechten Zähnen und Knochen mit der Gabe der Tabletten erzielt. Auch der Zustand des Nervensystems der Katzen hat sich meist gebessert. Sie wurden merklich ruhiger.

Besonders kann ich zur Gabe von Schüßler-Salzen bei Fundtieren und Katzen mit Mangelerscheinungen raten.

Man verabreicht je nach Gewicht der Katze zwei bis vier Tabletten jedes Salzes pro Tag an zwei aufeinander folgenden Tagen. Sie sollten die Salze in einer D6-Potenz bestellen. Konsultieren Sie bitte Ihren Tierarzt, wenn Ihre Katze Nierenprobleme hat.

Folgende Salze kann ich besonders für Katzen empfehlen:

Calium fluoratum D6	Bindegewebe, Haut, Sehnen
Calcium phosphoricum D6	Knochen, Zähne
Ferrum phosphoricum D6	Immunsystem
Kalium phosphoricum D6	Nerven, Psyche
Natrium phosphoricum D6	Stoffwechsel
Calcium sulfuricum D6	Gelenke

Bei der Gabe von einzelnen Funktionsmitteln ist es sinnvoll, bei einer Kur von vier bis sechs Wochen Dauer zwei bis vier Tabletten täglich mit dem Futter zu vermischen.

Pro Kilo Körpergewicht geben Sie 1/2 Tablette. Dosieren Sie im Zweifelsfall immer niedriger.

Tierkinesiologie

Bei der Kinesiologie wird der Körper des Tieres als ein vernetztes System verstanden, in das man durch gezielte Muskeltests Einblick gewinnen kann. Diese Tests führt man an einem Tier mit Hilfe seines Besitzers aus, man testet anstelle des Tiermuskels den Muskel des Besitzers, während dieser durch eine Berührung Kontakt zu seinem Tier aufnimmt. Der Mensch macht so die energetische »Datenautobahn« des Tieres besser zugänglich.

Mit Hilfe dieses Muskeltests können körperliche Systeme wie Blutkreislauf, Organe etc. auf Schwachstellen überprüft werden. Es ist auch möglich, Schadstoffe oder die heilsame Medikation, die ein Tier benötigt, abzufragen.

Auch traumatische Erlebnisse können so entdeckt und behandelt werden. Die Kinesiologie ist ein guter Weg, um etwaige Unsicherheiten in der Kommunikation mit dem Tier zu beseitigen.

TCM – Traditionelle Chinesische Medizin

Die TCM stützt sich auf über 2000 Jahre alte Erfahrungen und basiert auf der taoistischen Lebensphilosophie. Diese konzentriert sich unter anderem in der Heilung auf den Gedanken von Yin und Yang, also Energien, die ein dynamisches Gleichgewicht bilden. Ein Organismus wird dann krank, wenn dieses Gleichgewicht gestört ist. Die Lebensenergie, chinesisch »Chi« genannt, befindet sich in einem ständigen Fluß, sie hält den Stoffwechsel und den energetischen Kreislauf aufrecht. Diese Energie wird durch Ernährung, Atmung, Lebensweise und Umweltenergien gespeist.

Ist eine Katze gesund, so sind ihre Organfunktionen in Harmonie, sie arbeiten kräftig und ungestört. Eine Krankheit ist in der TCM auf eine Störung des Chi zurückzuführen. Die Therapie mit chinesischen Kräutern und Akupunktur bildet die Grundlage der traditionellen chinesischen Medizin. Die speziellen Heilkräuter lösen tiefgreifende Heilprozesse im Körper aus, die Anwendung von Akupunktur unterstützt diesen Prozeß.

In der TCM spielen die fünf Elemente Holz, Erde, Wasser, Metall und Feuer eine wichtige Rolle. Sie werden bestimmten Organen im Körper des Tieres zugeordnet und gliedern sich in Yin und Yang. Die zwölf Meridiane (Energiebahnen), die den Körper durchziehen, sind wiederum den fünf Elementen zugeordnet.

Die Tierheilung mit Hilfe der TCM ist in der westlichen Welt noch weitgehend unbekannt. Der Grund liegt darin, daß ein Studium der TCM sehr umfassend ist und eine jahrelange Lehrzeit erfordert. Außerdem sind nur wenige Menschen dazu bereit, den ganzheitlichen Weg dieser Heilmöglichkeit für ihr Tier in Anspruch zu nehmen. Nur wenige Veterinärmediziner arbeiten in der Praxis mit der TCM, weil diese Therapie oft kostenaufwendig ist und viel Fachwissen erfordert.

Ich habe ausgezeichnete Erfahrungen mit diesem Heilsystem bei Tieren und insbesondere bei Katzen gemacht und kann den Schritt zur Anwendung der TCM nur empfehlen. Mein einziger Kritikpunkt ist die Verwendung von tierischen Bestandteilen, die in Europa aber kaum praktiziert wird.

Anhang D – Die Notfallapotheke für Katzen

Meine persönliche Notfallapotheke, die Rescue-Box, die Sie auch für andere Tiere benutzen können, setzt sich aus nachfolgenden Komponenten zusammen:

Aura-Soma-Balance-Öle
Eine Farbtherapie für Körper, Seele und Geist.

Die Schockflasche – Balance-Flasche Nr. 26
Bei allen Notfällen, wie körperlichen und seelischen Schocks, auf der linken Seite des Körpers wie einen Streifen auftragen, vorher gut schütteln. Dieses Öl hilft Ihrem Tier, aus dem Schockzustand herauszukommen.

Achtung: Für eine kleine Katze kann der Biß einer anderen Katze oder ein Besitzerwechsel einen enormen Schock bedeuten. Alle Schockzustände, die nicht auskuriert werden, kommen in späteren Jahren meist in Form von Verhaltensstörungen an die Oberfläche.

Bei Unfällen und Verletzungen kann dieses Öl sehr gut genutzt werden. Sie sollten es nie direkt auf eine offene Wunde auftragen.

Erzengel Raphael – Balance-Flasche Nr. 96
Diese Flasche bringt mit ihrem tiefen Blau Frieden und Heilung in das Energiefeld ein. Sie kann sehr gut um den Kopfbereich bis hin zum Hals und den Schultern aufgetragen werden. Die Augen werden dabei ausgespart.

Erzengel Raphael repräsentiert Heilung und unterstützt bei Übergängen. Bei Schmerzen wirkt das Öl kühlend und lindernd. Ich liebe diese Aura-Soma-Flasche und habe sie oft in die Nähe von Welpen und kleinen Tieren gestellt, um eine starke Verbesserung ihres jeweiligen Zustands zu erreichen.

Die körperliche Notfall-Flasche – Das Balanc-Öl Nr. 01
Dieses Öl hilft sehr gut bei Schmerzen und aktiviert die körpereigenen Kräfte. Es hilft Ihrer Katze, einen klaren Kopf zu behalten und trotz ihrer Leiden zu entspannen. Aufzutragen ist es im Kopfbereich, aber auch an den jeweiligen Schmerzpunkten der Katze.

Aura-Soma-Pommander
Pommander sind feine Essenzen, die Sie aus einer kleinen Flasche auf Ihr linkes Handgelenk (Puls) tropfen und in die Aura des Tieres einfächern. Die Pommander ziehen das Energiefeld zusammen und helfen dem Tier, sich mit der jeweiligen Pommander-Energie auszubalancieren.

Deep Red
Für meine Rescue-Box habe ich den Pommander Deep Red (tiefrot) ausgewählt.

Er hilft Ihrer Katze, sich zu schützen, sei es bei einem Besuch beim Tierarzt oder wenn Sie selbst keine klaren Energien mit sich bringen.

Verreiben Sie wenige Tropfen auf Ihrem linken Handgelenk, fächern Sie den Pommander um Ihre Katze herum und wiederholen Sie das Ritual anschließend bei sich selbst.

In frühen Jahren habe ich die tiefroten Aura-Soma-Produkte bei großen Seminaren benutzt, indem ich die Fläschchen einfach in meiner Handtasche bei mir behielt. Sie waren hinterher ohne Rotanteil, was bedeutet, daß die

Energie und der Schutz aus der Flasche gezogen und in meinem Energiefeld verbraucht wurden.

Bachblüten

Bei den Bachblüten handelt es sich um feine, pflanzliche Essenzen, die von Dr. Edward Bach weiterverarbeitet wurden. Nach dem homöopathischen Grundsatz »Gleiches heilt Gleiches« hat Dr. Bach die Energien der Pflanzen gewonnen, die den Heilimpuls eines Wesens verstärken und somit heilen können. Mittlerweile arbeite ich mit mehr als 200 Essenzen in der Praxis, für die Rescue-Box empfehle ich die *Rescue-Tropfen* von Dr. Bach.

Anwendung: In Notfällen seelischen wie körperlichen Ursprungs jede Stunde zwei Tropfen auf die haarlosen Stellen in den Ohren oder auf die Zunge geben. Bei emotionalen Verletzungen können auch stündlich fünf Tropfen auf das Herzchakra gegeben werden.

Achtung: Diese Blütenmischung ist nicht zur Dauergabe gedacht, sondern wirklich eine Notfallmischung. Für eine längere und spezifische Therapie sollten Sie eine Mischung erstellen, die genau auf die Bedürfnisse Ihrer Katze abgestimmt ist. Sie können drei bis fünf Tropfen der originalen Bach-Blütenessenz in eine 30- ml-Flasche mit Wasser (am besten gefiltertes Wasser verwenden) geben. Sie sollten hierbei beachten, daß Sie nicht mehr als drei Essenzen in einer Flasche für ein Tier mischen sollten.

Sie können diese Mischung bis zu vier Wochen geben. Sollte das Wasser jedoch kippen bzw. früher verschmutzen, so setzen Sie einfach die gleiche Mischung erneut an und beenden damit die Therapie.

Wenn Sie nur mit einer Essenz therapieren möchten, geben Sie einen bis drei Tropfen pro Tag von der unverdünnten Essenz auf die Pfoten.

Am einfachsten gibt man Bachblüten in einer Dosierung von einem bis drei Tropfen auf die Pfoten der Katze oder über die Nase. Dort werden diese fein säuberlich weggeleckt. In den Wassernapf dosieren Sie je nach Stärke bis zu sechs Tropfen der Verdünnung.

Hilfreiche Bach-Blütenessenzen für Katzen und wobei sie helfen können:

Aspen	Angst vor dem Unbekannten
Beech	Mangelnde Toleranz
Centaury	Exzessive Unterwerfung
Larch	Mangelndes Selbstvertrauen
Mimulus	Angst vor dem Bekannten
Rock Rose	Therapiert den Terroristen in Ihrer Katze
Star of Bethlehem	Schock
Vervain	Überenthusiasmus
Vine	Dominanz oder Aggression
Water Violet	Zurückhaltung
Willow	Innerer Groll

Homöopathie

Diese Heilmethode beruht auf dem Grundsatz »Gleiches heilt Gleiches« und wurde in der Neuzeit von Samuel Hahnemann wiederentdeckt.

Die ursprünglichen Wirkstoffe sind in der späteren Verreibung (einem speziellen Verfahren der Verarbeitung der Heilstoffe, welches von Hahnemann entwickelt wurde) fast nicht mehr vorhanden. Das bedeutet, je höher eine Potenz (die Wirkkraft), desto weniger des Inhaltsstoffes befindet sich in der eigentlichen Gabe und umso stärker wirkt die Dosierung auf die Seele.

Beispielsweise kann die Heilpflanze Arnika in hoher Dosierung (Reinform) eine Art Schock und Erstarren auslösen, hilft jedoch in der homöopathischen Dosierung, genau diesen Zustand zu lösen. Für Tiere empfehle ich als eine Allround-Potenz die D12-Gabe.

Was den Bereich der Homöopathika betrifft, so empfehle ich den Besuch beim Tierheilpraktiker oder Tierhomöopathen, da eine falsche Gabe oder Dosierung auch negative Folgen für Ihre Katze haben kann. Normalerweise sieht eine Standarddosierung für die erwähnten Mittel in *Globuli* (Milchzuckerkügelchen, die mit der Verreibung benetzt werden) folgendermaßen aus: Dreimal drei Globuli täglich werden zehn Tage lang direkt in das Maul, am besten in die Backentaschen, gegeben.

Die folgenden Mittel haben sich als Praxisfavoriten herauskristallisiert:

Arnica D12
Bei körperlichen wie seelischen Schockzuständen. Auch vor Operationen oder nach Verletzungen.

Belladonna D12
Neben Euphrasia *das* Augenmittel schlechthin. Bei Entzündungen im Augenbereich, aber auch bei Insektenstichen.

Euphrasia D12
Als homöopathische Augentropfen in ihrer Wirkung unschlagbar. Übersetzt bedeutet Euphrasia *Augentrost*, und diesem Versprechen steht es in seiner Wirkung in nichts nach.

Hypericum D12
Bei überängstlichen Tieren, die in stillen Momenten einen Hang zur Traurigkeit haben. Ansonsten ist der Hypericum-Typ eher fahrig und unruhig und kann sich äußeren Einflüssen gegenüber nur schwer abgrenzen.

Ignatia D12
Für Tiere, die immer noch den Anschluß an die Mutter suchen und die nicht ausgelebte Beziehung ihres Welpenalters nicht beenden wollen.

Staphisagria D12
Bei Trennung und Einschnitten seelischer wie körperlicher Natur. Es kann sich dabei um die Trennung vor dem Urlaub oder den Abschied von der Katzenmutter handeln. Auch eine Kastration ist eine Trennung!

Sulfur D12
Ein beliebtes Mittel bei Kontaktproblemen und Hautreizungen. Es zeigt an, daß eine Katze wenig Energie in der eigenen Aura hat und deshalb alles direkt spürt (Aggressivität).

Kolloidales Silber
Hierbei handelt es sich um ein sehr wirksames natürliches Antibiotikum, das vielfach eingesetzt werden kann. Es besteht aus elektrisch geladenen Silberteilchen, die in Wasser gelöst wurden. Kolloide sind die kleinsten Teilchen, in die Materie zerlegt werden kann, ohne daß sie ihre Eigenschaften verliert. Diese gelösten kleinsten Silberteilchen »schweben« in destilliertem Wasser und verbinden sich im Körper mit Bakterien, Viren, Pilzen und Entzündungsherden.

Sie stellen diese Verbindung her, indem sie Enzyme binden, die sich von den Bakterien, Pilzen etc. ernähren. Durch die Bindung der Enzyme an die Silberteilchen werden die Schadstoffe einfach ausgeschwemmt. Die positive Wirkung dieses Mittels wurde mir von vielen Tierhaltern bestätigt.

Anwendung: Einen Teelöffel (unbedingt einen Kunststofflöffel verwenden!) in einem Liter Wasser lösen und über den Tag verteilt trinken lassen. Diese Dosierung über sieben Tage beibehalten und dann drei Wochen lang einen halben Teelöffel in derselben Wassermenge lösen und geben. Zur äußerlichen Anwendung mit einem Wattepad auftragen.

Kolloidales Silber ist ideal für die Behandlung von geruchsempfindlichen Katzen, da es praktisch geruch- und geschmacklos ist.

Achtung: Weder das kolloidale Silber noch die verdünnte Lösung mit Metall in Berührung bringen, da es sonst reagiert.

Des weiteren sollten Sie folgende Hilfsmittel immer in Ihrer Rescue-Box bereitstellen:

- Eine Thermodecke, wie wir sie aus dem Notfallkoffer im Auto her kennen. Sie hilft, den verletzten Tierkörper zu kühlen oder warm zu halten.
- Eine jodfreie Desinfektionslösung zur Erstversorgung von Wunden. Ich kann die Desinfektionstücher von Hansaplast empfehlen. Sie sind einzeln verpackt und lassen sich als kleine Tücher immer mitführen.
- Ein steriler Verband

Sollten Sie die Rescue-Box nicht selbst zusammenstellen können, finden Sie eine Bezugsadresse im Anhang.

Anhang E – Häufig gestellte Fragen zu Katzen

An dieser Stelle möchte ich auf Fragen eingehen, die mir immer wieder zum täglichen Miteinander mit einer Katze gestellt werden.

Wie empfindet eine Katze einen Besitzerwechsel?
Es ist wichtig, zwischen einer Hauskatze und einer wild lebenden Katze zu unterscheiden, die nur ab und zu Zuwendung durch den Menschen sucht. Eine reine Hauskatze, die ihren Menschen liebt und sich an den Lebensraum gewöhnt hat, bringt ein Besitzerwechsel natürlich aus der Bahn.

Ein Tier geht in solch einer Situation immer davon aus, daß dieser Wechsel eine Art von Bestrafung ist, und gibt sich selbst die Schuld dafür. Eine reine Hauskatze hat ihren Tagesablauf um ihren Menschen herum aufgebaut und verliert ihren Lebensrhythmus sowie ihre innere Sicherheit, wenn sich ohne Vorwarnung ihr Lebensraum verändert.

Die Tierkommunikation kann hier wichtige Vermittlungsarbeit leisten und der Katze kann erklärt werden, was wirklich geschieht und weshalb.

Bei wild lebenden Katzen verhält es sich anders. Sie kommen nur, um Futter aufzunehmen oder um zu überwintern. Diese Tiere haben sich nicht untergeordnet und haben oft mehrere Menschen als »Versorger«, denen sie sich zuwenden. Freie Katzen empfinden ihre Menschen mehr wie Freunde und akzeptieren deren Veränderungen und Lebensart.

Impfungen

Den meisten Katzen geht es nach einer Impfung sehr schlecht. Sie zeigen es vielleicht nicht, aber sie fühlen sich schwach und meist ist ihnen sehr übel. Die naturheilkundliche Ausleitung (Entgiftung) einer Impfung oder Energiearbeit kann Ihrer Katze helfen, sich schnell wieder wohl zu fühlen.

Hunde und andere Tiere

Entgegen der landläufigen Meinung haben Katzen nichts gegen Hunde. Sie mögen den Geruch von Hunden und anderen Tieren meist nicht, fühlen sich aber nicht sofort gestreßt, wenn sie diesen Tieren ausgesetzt sind.

Die meisten Katzen teilen andere Tiere in zwei Gruppen ein: Tiere, vor denen man sich in Acht nehmen muß (was noch nicht bedeutet, daß diese respektiert werden), und potentielle Beute.

Können Katzen träumen?

Ja, aber nicht wie wir Menschen in ganzen Sequenzen, die eine Geschichte bilden. Katzen träumen Szenen, die mit Bewegung und ihren Sinnen zu tun haben, wie den Moment des Erlegens einer Maus oder den Geruch von Fisch.

Wie empfindet eine Katze die Kastration/ Sterilisation?

Als Quälerei. Das Tier hat keine Ahnung, was geschieht, und erwacht nach dem Eingriff mit Schmerzen und Trauer über die fehlende Fruchtbarkeit. Nur wenige Katzen haben ein positives Verhältnis zu dieser Operation, diese Meinung findet sich fast nur bei Katzendamen, die schon etliche Junge zur Welt gebracht haben.

Wirken Bachblüten bei Katzen?

Diese und andere Essenzen wirken bei Katzen immer weniger. Die neuen Katzengenerationen sind in ihrem Wesen stärker und auch seelisch präsenter, so daß die alt gedienten Bachblüten, die auf einem niederen Schwingungsmuster funktionieren, nicht gut wirken können.

Andere Essenzen wie z. B. australische Buschblüten sind bei vielen Tieren wirkungsvoller. Der Einfachheit halber und um erste Erfahrungen mit Blütenessenzen zu machen, sind in diesem Buch nur Bachblüten beschrieben.

Wie empfinden Katzen die telepathische Kontaktaufnahme?

Fast alle Tiere sind begeistert. Für eine Katze ist es ein ähnlich aufregender Moment wie für seinen Menschen. Vertrauen, Geduld und Mitgefühl stärken die Bande während der Kommunikation.

Kann meine Katze Gedanken lesen?

Ihre Katze kennt Ihre Gedanken, was nicht heißen soll, daß diese für ein Tier von besonderem Interesse sind. Sie nimmt Ihre Gedankengänge zur Kenntnis und reagiert, wo es für ihr Katzenleben wichtig ist.

Kann jede Katze telepathisch kommunizieren?

Jedes Tier, also auch jede Katze, ist zu dieser Kontaktaufnahme fähig.

Glossar

Aufstieg beginnt mit dem spirituellen Erwachen eines Menschen. Das Endziel ist absolutes Bewußtsein und der Gleichklang mit der eigenen Seele. Tiere befinden sich nicht im Aufstieg, da sie immer bewußt sind. Sie erfahren sich auch durch unsere spirituelle Entwicklung und sammeln so Erfahrungen.

Aura ist eigentlich die Summe der sieben feinstofflichen Körper, die einen physischen Körper umgeben. Diese sieben Körper oder Schichten bilden das energetische Körpersystem, das durch Prana gespeist wird und Tiere und Menschen mit Energie versorgt.

Chakra ist ein feinstoffliches Energiezentrum, das sich aus vielen feinen Energiekanälen, den Nadis, zusammensetzt. Diese Nadis verteilen die Energie rechtsdrehend (lebensaufbauend) in den verschiedenen Auraschichten.

Chi ist universelle Lebensenergie, auch Prana genannt. Sie versorgt das Kronenchakra, welches wiederum den Pranakanal und über dessen Chakren die Auraschichten mit Energie versorgt.

Die violette Flamme ist eine sehr hoch schwingende Energie, die von dem Meister St. Germain auf die Erde geracht wurde und den Menschen als Energie zur Transformation von alten Mustern und Energien zur Verfügung steht.

Dimensionen sind Ebenen der Existenz, die unabhängig von Zeit und Raum und unserem Planten sind. Tiere und Menschen existieren in unterschiedlichen Dimensionen.

Engel sind in allen Kulturen bekannt und haben ihren geschichtlichen Ursprung im Nahen Osten. Dort hat man diese ausschließlich feinstofflichen Wesen als Vorboten Gottes auf Erden verehrt und noch immer sind sie die direkte Verbindung zu unserem Schöpfer. Es gibt viele tausend Engelwelten, die von den sieben Erzengeln und deren Schöpferwesen, den sieben Elohim oder Schöpfungsstrahlen regiert werden. Auch die Tiere, Pflanzen und Steine sind, wie in der Genesis beschrieben, von diesen Wesen erschaffen worden. Engel sind nicht an eine Religion gebunden. Der Erzengel, dem die Kommunikation mit Tieren untersteht, ist Uriel.

Energiearbeit
siehe Lichtarbeit

Energetischer Kreislauf – Hier wirken die »hermetischen Gesetze«. Vereinfacht: z. B. innen entspricht außen, oben unten, Mikrokosmos Makrokosmos.

Feinstoffliche Wirkungsweisen
siehe energetischer Kreislauf

Fremdenergie bezeichnet eine negative Energieansammlung, die von unterschiedlicher Intelligenz sein kann. Fremdenergien sind für Tiere und Menschen belastend und können zu Krankheiten führen.

Geistige Führer sind feinstoffliche Wesen, die ein Tier oder einen Menschen auf einem Teil seines Lebensweges als Ratgeber begleiten. Welcher Führer einem Wesen zuteil wird, hängt von seiner spirituellen Entwicklung und seinem Bewußtsein ab.

Gott auch Schöpfer, Allah oder Jehova genannt. Nicht personifizierter Ursprung allen Lebens.

Heilung bezeichnet die Einswerdung mit unserm perfekten Muster, der Seele. Heilung findet immer seelisch wie körperlich statt und schließt Tiere und Menschen ein.

Hohes Selbst bezeichnet das Überbewußtsein, das als Vermittler zwischen dem auf der Erde inkarnierten Wesen und der Seele steht.

Karma bezeichnet einen Mangel an Liebe oder eine unvollkommene Verbindung zur Einheit, also Gott. Karma wird hauptsächlich durch Emotionen und Gedanken des letzten Lebens in dieses Leben übernommen. Karma ist eine Folge der Abtrennung und ermöglicht es, sich selbst auf den Weg zur Einheit als göttliches Wesen zu erfahren.

Lichtarbeit bezeichnet die bewußte spirituelle Arbeit an sich selbst und der Umwelt. Meditationen, Heiltechniken und Bewußtwerdung unterstützen diesen Prozeß.

Lichtheilung – Alle energetischen Heilweisen wirken als Lichtheilweisen.

Divine Healing – Eine sehr alte Lichtheiltechnik die 2006 durch Nicole Schöfmann von Erzengel Gabriel neu empfangen wurde. Es handelt sich um eine sehr wirkungsvolle Lichtheiltechnik die deutlich intensiver und schnell als z.B. Reiki wirkt. Sie ist zur Behandlung von Tieren ideal.

Meister – Ein Mensch, der sich in bewußter, spiritueller Entwicklung befindet und diesen Prozeß in die Meisterschaft bringt, d. h. sein irdisches Bewußtsein meistert.
2. Bedeutung: Neben den Engeln gibt es weitere Lichtwesen, die Menschen und Tieren bei deren Entwicklung behilflich sind. Diese werden (aufgestiegene) Meister genannt und haben bestimmte Themenbereich, in denen sie besonders wirken, wie z. B. Meister Kuthumi, der den Kontakt zwischen Tier und Mensch stärkt.

Morphogenetisches Feld bezeichnet von Menschen und Tieren produzierte Energiefelder, die sich mit dem kollektiven Wissen der Erde verbinden.

Prana siehe Chi

Pranakanal ist identisch mit der Wirbelsäule und existiert im feinstofflichen Bereich. Die vom Pranakanal abgehenden Chakren versorgen die Aura mit Energie.

Reiki bezeichnet auf geistigem Weg empfangene Heilenergie, die zur Unterstützung und Heilung von Tieren und Menschen gegeben werden kann.

Schwingung kann hoch (positiv) oder niedrig (negativ) sein. Je höher etwas »schwingt«, desto lichter, spirituell entwickelter ist es. Die höchste Schwingung wird durch Gott dargestellt.

Literaturhinweise

Aura-Soma, Heilung durch Farbe, Pflanzen und Edelsteinenergie, Irene Danlichov, Mike Booth
(ISBN 3426870320)

Der kleine Tierarzt, Praktischer Gesundheitsratgeber für Hunde und Katzen, Josef Binzegger, Dr. med. vet.
(ISBN 3000046682)
Ein praktischer Ratgeber für Hunde- und Katzenhalter mit viel anatomischem Hintergrundwissen
Kontakt zum Autor: Früebergstrasse 8 – CH 6340 Baar – Schweiz

Das schöpferische Universum. Die Theorie des morphogenetischen Feldes, Rupert Sheldrake
(ISBN 3548353592)
In diesem klugen Buch vertritt Sheldrake die These, daß Menschen und Tiere Energiefelder produzieren und diese sich mit dem kollektiven Wissen der Erde verbinden.

Heilung ist möglich, Eine revolutionäre Technik zur Behandlung chronischer Erkrankungen, Hulda Clark
(ISBN 3426870185)
Dieses Buch kann ich zum tieferen Verständnis der Entstehung von Krebs bei Tieren empfehlen.

Krafttiere begleiten Dein Leben, Jeanne Ruland
(ISBN 389 767 1484)
Eines der wenigen guten Bücher mit einer Vielzahl von Krafttieren aus allen Teilen der Welt.

White Eagle Medizin-Rad. Indianische Weisheit als Lebensweg, Wa-Na-Nee-Che, Eliana Harvey, Dennis Renault
(ISBN 3762605564)
Ich empfehle dieses Kartenset als Reise zu den Krafttieren, um die Heilung von Tieren und Menschen zu verstärken.

Kontakt und Bezugsquellen

Für Tiere: info@tiermedium.de / www.tiermedium.de

Für Menschen: info@sunriseschule.de / www.sunriseschule.de

Postadresse: Die Sunrise Schule, Postfach 201746,
20207 Hamburg, Ebersstraße 34

Telefonzentrale: Die Sunrise Schule Hamburg
Telefon: +49 40 88150899
Das Büro ist täglich von 9 bis 10. 30 Uhr und von 19. 30 bis 20 Uhr besetzt. Hier können Sie auch unsere Übungs-CDs zum Preis von €22,– + Versand bestellen.

Die Sunrise Schulen
Hier haben Sie die Möglichkeit, Workshops zu besuchen oder selbst eine Ausbildung zum Tierkommunikator oder Tierlichtheiler zu absolvieren.

Das Master-Teacher-Programm
Dieses Programm wurde für alle ausgebildeten Tierkommunikatoren und Tierlichtheiler der Sunrise Schulen konzipiert. Ziel dieser Ausbildung ist es, den Absolventen der Sunrise Schulen die Möglichkeit und Fähigkeit zu vermitteln, selbständig Schulungen durchzuführen und Schüler auszubilden. Nicole Schöfmann hat sich in den letzten Jahren als erfolgreichste Tierkommunikatorin/Lichtheilerin auf dem deutschen Markt bewiesen. Zufriedene Kunden, geheilte Tiere und die ständige Präsenz in Fernsehen, Radio und Zeitungen haben erheblich zum Wachstum der Sunrise Schulen beigetragen. Seit August 2005 ist nun auf vielfachen Wunsch eine Zusammenarbeit durch das Master-Teacher-Programm möglich. Genaue Informationen können unter dem oben angeführten Kontakt bezogen werden.

Bezugsquellen
Kolloidales Silber, die Rescue Box, sowie feinsten Weihrauch zum energetischen Reinigen können Sie über den Sunrise Shop: www.sunrise-shop.com bestellen.

Telefon: +49 221-3976 0831

Gesundes Katzenfutter können Sie bei den folgenden Anbietern beziehen:

Waseba Sebastian/Walter GdbR
Prof.-Dillinger-Weg 65 – D-67098 Bad Dürkheim
Telefon: +49 6322 987298 / Fax: +49 6322 980153
Email: mail@waseba.com / Website: www.waseba.de

Yarrah Organic Pet Food BV
Postbus 448 – 3840 AK Harderwijk – Niederlande
Telefon: +31 341 439850 / Fax: +31 341 439870
Email: info@yarrah.com / Website: www.yarrah.de

Tierschutzorganisationen

WSPA Welttierschutzgesellschaft e.V.
Kaiserstraße 22 – D-53113 Bonn
Telefon: +49 228 956 34 55 / Fax: +49 228 956 34 54
Email: info@wspa.de / Website: www.wspa.de

VIER PFOTEN – Stiftung für Tierschutz
Altonaer Straße 57 – D-20357 Hamburg
Telefon: +49 40 399 249 0 / Fax: +49 40 399 249 99
E-Mail: office@vier-pfoten.de / Website: www.vierpfoten.de

Animals' Angels e.V.
Rehlingstrasse 16 A – D-79100 Freiburg
Telefon: +49 761 70436 0 / Fax: +49 761 70436 29
Email: info@animals-angels.de / Website: www.animals-angels.de
Die Animals' Angels begleiten seit 1999 in fünfzehn Teams Tiertransporte durch Europa, um Rastzeiten, Wasserversorgung und Berücksichtigung der Tierwünsche zu gewährleisten.

Sie können auch Informationen zu dem Tierhilfsprojekt der Sunrise Schulen anfordern.

ISBN 978-3-7934-2090-3